全国应用型人才培养工程指定教材
IT 技术类

网络综合布线

IT 技术类教材编写组　组编

杨 堃　白 皓　主编

北京航空航天大学出版社

内 容 简 介

本书采用理论与实践相结合的形式,深入浅出地讲解了网络综合布线的基础知识与实用技术。主要内容包括：智能建筑与网络综合布线、传输介质与网络互联设备、网络综合布线的工程设计、综合布线工程施工技术、综合布线项目施工管理、工程测试与验收、网络综合布线工程实例、实训指导等。

本书是全国应用型人才培养工程指定用书。本书教学重点明确,结构合理,语言简明,实例丰富,具有很强的实用性。本书适合作为本科或高职高专计算机以及相关专业的教材,也可供从事网络综合布线的工程技术人员参考使用。

图书在版编目(CIP)数据

网络综合布线/杨堃等主编. —北京：北京航空航天大学出版社,2009.9
ISBN 978-7-81124-816-6

Ⅰ.网… Ⅱ.杨… Ⅲ.计算机网络—布线—技术 Ⅳ.TP393.03

中国版本图书馆 CIP 数据核字(2009)第 138979 号

网络综合布线
IT 技术类教材编写组　组编
杨　堃　白　皓　主编
责任编辑　潘晓丽　张雯佳　刘秀清
*
北京航空航天大学出版社出版发行
北京市海淀区学院路 37 号(100191)　发行部电话:(010)82317024　传真:(010)82328026
http://www.buaapress.com.cn　　E-mail:bhpress@263.net
北京时代华都印刷有限公司印装　各地书店经销
*
开本:787×1 092　1/16　印张:12.5　字数:320 千字
2009 年 9 月第 1 版　2009 年 9 月第 1 次印刷　印数:5 000 册
ISBN 978-7-81124-816-6　定价:23.00 元

全国应用型人才培养工程
指定教材编委会

主　　任　李希来　杨建中
副 主 任　赵匡名　吴志松　李若曦
编　　委　（排名不分先后）
　　　　　柳淑娟　唐　琴　谭继勇　倪永康　曹晓浩　吕　俊
　　　　　朱志明　连成伟　郭训成　周　扬　付开明　曹福来
　　　　　吴全勇　林　岚　徐飞川　王　睿　刘国成　臧乐全
　　　　　李　勇　赵丰年　王建国　杨文林　王松海　邹大民
　　　　　王树理　胡志明　闫作溪　刘关宾　彭　杨　秦　柯
　　　　　龚　海　潘明桓　秦绪祥　曲东涛　杨光强　王　义
　　　　　陈　鹏　黄天雄　罗勇君　陈　涛　何一川　廖智科
　　　　　邹雨恒　曾天意　卿平武　邹　鹏　朱　鹏　罗伟臣
　　　　　王　翔　郭胜荣　吴　平　张　明　李　伟
执行编委　康　悦　孙臣英　彭卫平　黎　阳　林　军
　　　　　李国胜　万　鹏　李振宇　张再越　张云忠

丛书前言

社会要发展,人才是关键。随着知识经济时代的到来,人才资源在经济发展中的地位和作用日益突出,已经成为现代经济社会发展的第一资源。目前,国内各行业对于应用型人才的需求日益迫切,无论是 IT 技术、工程制造领域,还是经济管理,甚至社会科学领域,都是如此。

全国应用型人才培养工程是由中外科教联合现代应用技术研究院组织开展的面向现代企业用人需要的人才工程。工程坚持"职业能力为导向,职业素质为核心"的课程设计原则,重点突出"职业精神、职业素质、职业能力"的培养,以提高学员的职业能力为目的,弥补技术人才与岗位要求的差距,提高学员的从业竞争力,培养适应现代信息社会需要的高技能应用型专业人才。

全国应用型人才培养工程包括培训、测评和就业三大部分。以企业对特定岗位的实际技术要求以及对从业人员的职业精神和素质要求为依据,通过课程嵌入或者集中培训的方式解决企业在岗前培训设置方面的诸多问题。人才工程还集合各专业、各方向社会普遍认可的考核、评测体系,通过整合及学分互认等方式,实现国家认证、国际学历的有益结合;实现职业资格、职业能力、专项技能和人才资格等多种认证的有益互补;实现紧缺人才库入库、技能大赛选拔以及人才择优推荐的有益支持,从而实现始于培训、专于认证、达于就业的完整的人才培养和服务体系。

全国应用型人才培养工程培训课程包括 IT 技术类、工程制造类、经济管理类和社会科学类 4 大类,13 个专业方向,共 100 多门课程。

为了更好地配合全国应用型人才培养工程在全国的推广工作,我们专门成立了教材编写组,负责指定教材的编写工作。在编写过程中,依照人才工程所开设课程的考核标准,设定教材的编写纲目,分解知识点,选择常用经典实例,组织知识模块。

本套指定教材的特点体现在以下几个方面。

1. 行业特点

人才工程标准教材根据全国各级院校的专业教师、大中型培训机构培训师和企业相关技术人员提出的对新世纪本、专科学生培养的明确目标而设定内容,因此具备了明显的符合当前行业细分原则的侧重点与方向,更加符合企业用人的技术要求。

2. 内容侧重

人才工程主要解决当前本、专科学生所学知识内容与企业实际需要之间的差距问题。人才工程的指定教材则以企业对用人的实际技能需求为设定依据,按照"理论够用为度"的原则,对各个专业的核心课程进行了梳理整合,并以实训内容为侧重点编写。因此,本套教材不仅适用于人才工程培训,亦适用于普通的本、专科院校。

3. 编写团队

全国应用型人才培养工程教研中心负责标准教材的组织和编写工作。本套教材由教研工作经验较为丰富的专业团队负责编写,既可以解决教学实践与工程案例的接口问题,也可以有效地提高实训教材的实用性。

4. 编写流程

注重整体策划。本套教材在策划以及编写过程中,严格按照"岗位群→核心技能→知识点→课程设置→各课程应掌握的技能→各教材的内容"的编写流程,保证了教学环节内容的设定和教材的编写与当前企业的实际工作需要紧密衔接。

为了方便教学,我们免费为选择本套教材的教师提供部分专业的整体教学方案以及教学相关资料:

◇ 所有教材的电子教案。
◇ 部分教材的习题答案。
◇ 部分教材实例制作过程中用到的素材。
◇ 部分教材的实例制作效果以及一些源程序代码。

本套教材的编写是在教育部、中国科学院、工业和信息化部、人力资源和社会保障部众多领导和专家的支持和帮助下才顺利完成的,在此我们表示衷心的感谢。同时,我们也欢迎读者朋友们能够对于本套教材给予指正和建议。来信请发至 napt.untis@gmail.com。

全国应用型人才培养工程指定教材编委会
2009 年 6 月

前　言

　　网络综合布线发展至今已有 20 多年的历史，综合布线的原理是将原先各自独立的传统弱电布线系统进行集成，实施统一的系统设计、安装和管理。由于综合布线采用结构化的设计思想，并且在工程实践中易于维护和管理，因此，这项技术得到了日益广泛的应用。为了更好地普及和应用网络综合布线的相关知识和技术，我们组织和编写了本书。

　　本书围绕网络综合布线技术与工程展开讨论，从网络综合布线基础知识、标准、工程设计、工程施工技术、施工管理、工程验收与测试等方面，进行了系统、详细、深入的阐述。

　　全书共分 8 章。第 1 章是智能建筑与网络综合布线，使读者对于综合布线系统有一个基本的认识；第 2 章讨论传输介质与网络互联设备；第 3 章为网络综合布线的工程设计，详细介绍了各子系统的功能和设计方法；第 4 章主要讲述综合布线工程施工技术；第 5 章从工程管理的角度讨论综合布线项目施工管理和工程监理等相关知识；第 6 章介绍综合布线测试类型、测试要求、测试内容以及常用测试工具的使用等内容；第 7 章讲述两个综合布线的工程案例，是对理论知识的具体应用；第 8 章是实训指导，提供了 7 个实训项目，以方便教师组织学生进行实训。

　　本书的参考课时是 60 学时。

　　本书由杨堃、白皓主编。此外，参与本书编写的人员还有张宏伟、王岳、于松涛、王超、郭彬等。

　　由于编写时间较为仓促，书中难免会有疏漏和不足之处，恳请广大读者提出宝贵意见。如果读者在阅读本书时有什么问题，可以通过电子邮件(wooystudio@263.net)与编者联系。

编　者
2009 年 7 月

目 录

第1章 智能建筑与网络综合布线 ... 1
1.1 智能建筑的定义和组成结构 ... 1
1.1.1 智能建筑的定义 ... 1
1.1.2 智能建筑的组成结构 ... 2
1.2 综合布线系统的定义、特点及应用 ... 3
1.2.1 综合布线系统的定义 ... 3
1.2.2 综合布线系统的特点 ... 4
1.2.3 综合布线系统的应用 ... 5
1.3 综合布线系统的结构和组成 ... 5
1.4 综合布线系统的设计等级和标准 ... 9
1.4.1 综合布线系统的设计等级 ... 9
1.4.2 综合布线系统的标准 ... 10
习 题 ... 11

第2章 传输介质与网络互联设备 ... 12
2.1 有线通信介质 ... 12
2.1.1 双绞线电缆 ... 12
2.1.2 同轴电缆 ... 16
2.1.3 光 缆 ... 17
2.2 无线通信介质 ... 21
2.2.1 红外线(IR)系统 ... 22
2.2.2 无线电系统 ... 24
2.2.3 微波通信 ... 27
2.3 综合布线系统所选用的介质 ... 28
2.3.1 铜缆的当前状况 ... 28
2.3.2 铜缆和光缆的成本比较 ... 28
2.3.3 铜缆、光缆、无线并用 ... 29
2.3.4 布线业内发展趋势 ... 30
2.3.5 未来的光缆信道 ... 30
2.4 网络连接设备 ... 31
2.4.1 网络传输介质互联设备 ... 31
2.4.2 网络物理层互联设备 ... 33

  2.4.3 数据链路层互联设备 ………………………………………………… 35
  2.4.4 网络层互联设备 …………………………………………………… 38
  2.4.5 应用层互联设备 …………………………………………………… 39
 习　题 ………………………………………………………………………………… 40

第3章　网络综合布线的工程设计 ………………………………………………… 41

 3.1 综合布线系统设计的一般原则与步骤 ……………………………………… 41
  3.1.1 综合布线系统设计的一般原则 …………………………………… 41
  3.1.2 综合布线系统设计的一般步骤 …………………………………… 42
 3.2 各子系统设计规范 …………………………………………………………… 42
  3.2.1 工作区子系统 ……………………………………………………… 43
  3.2.2 水平(配线)干线子系统 …………………………………………… 46
  3.2.3 管理间子系统 ……………………………………………………… 48
  3.2.4 垂直干线子系统 …………………………………………………… 50
  3.2.5 设备间 ……………………………………………………………… 52
  3.2.6 建筑群子系统 ……………………………………………………… 55
  3.2.7 防护设计 …………………………………………………………… 57
 3.3 综合布线设计文件的组成 …………………………………………………… 60
  3.3.1 设计文件组成部分 ………………………………………………… 60
  3.3.2 设计图纸 …………………………………………………………… 60
 习　题 ………………………………………………………………………………… 61

第4章　综合布线工程施工技术 …………………………………………………… 62

 4.1 连接硬件的安装 ……………………………………………………………… 62
  4.1.1 RJ-45水晶接头与信息模块的连接关系 ………………………… 62
  4.1.2 信息插座的端接 …………………………………………………… 64
  4.1.3 双绞线与RJ-45头的连接工艺 …………………………………… 65
  4.1.4 110系列配线架的配线设备安装 ………………………………… 68
 4.2 同轴电缆连接器 ……………………………………………………………… 69
  4.2.1 电视同轴电缆连接器的制作方法 ………………………………… 70
  4.2.2 粗同轴电缆连接器的制作方法 …………………………………… 72
  4.2.3 射频同轴电缆安装要求 …………………………………………… 72
  4.2.4 分支器、分配器和终结器 ………………………………………… 73
  4.2.5 分支器安装要点 …………………………………………………… 74
 4.3 传输通道施工 ………………………………………………………………… 74
  4.3.1 路径选择 …………………………………………………………… 75
  4.3.2 管槽可放线缆的条数 ……………………………………………… 75
  4.3.3 金属管和塑料管 …………………………………………………… 76
  4.3.4 金属管及PVC塑料管的敷设 …………………………………… 77
  4.3.5 金属槽和塑料槽 …………………………………………………… 79
  4.3.6 线槽的敷设 ………………………………………………………… 80

  4.3.7 桥架的敷设 ... 81
 4.4 线缆敷设 ... 83
  4.4.1 一般电缆的敷设方式 ... 84
  4.4.2 线缆牵引技术 ... 85
  4.4.3 6类布线安装方法 ... 86
 4.5 综合布线在各子系统的布线方法 ... 88
  4.5.1 建筑物主干线缆的布线技术 ... 88
  4.5.2 建筑物内水平布线技术 ... 89
  4.5.3 建筑群间的电缆布线技术 ... 92
 4.6 光缆布线技术 ... 93
  4.6.1 光缆布线方法 ... 93
  4.6.2 吹光纤布线技术 ... 95
  4.6.3 吹光纤技术介绍 ... 95
 4.7 光缆在设备间及管理间的安装 ... 98
  4.7.1 光缆的端接 ... 98
  4.7.2 光纤交连场 ... 101
  4.7.3 综合布线系统的标识管理 ... 101
 4.8 设备间和管理间的设备机架及地线的安装 ... 103
  4.8.1 设备的安装 ... 103
  4.8.2 接地系统的安装 ... 104
 习 题 ... 107

第5章 综合布线项目施工管理 ... 109
 5.1 施工组织管理 ... 109
  5.1.1 工程施工管理概要 ... 109
  5.1.2 工程施工管理机构 ... 110
  5.1.3 项目管理人员组成 ... 111
 5.2 现场管理措施及施工要求 ... 112
  5.2.1 现场管理措施 ... 112
  5.2.2 现场施工要求 ... 112
  5.2.3 施工配合 ... 116
  5.2.4 质量保证措施 ... 117
  5.2.5 安全保障措施 ... 117
  5.2.6 成本控制措施 ... 118
  5.2.7 施工进度管理 ... 120
  5.2.8 施工机具管理 ... 121
  5.2.9 技术支持及服务 ... 121
 5.3 工程监理 ... 122
  5.3.1 工程监理的意义和责任 ... 122
  5.3.2 工程监理的内容 ... 122

  5.3.3　工程监理实施步骤 ·················· 123
  5.3.4　工程监理组织结构 ·················· 124
  5.3.5　工程验收及优化 ···················· 124
 习　题 ··· 124

第6章　工程测试与验收 ························ 125
 6.1　测试类型 ······································· 125
  6.1.1　验证测试 ······························ 125
  6.1.2　认证测试 ······························ 126
 6.2　认证测试标准 ································· 126
 6.3　认证测试 ······································· 128
  6.3.1　链路类型 ······························ 128
  6.3.2　认证测试 ······························ 129
 6.4　认证测试参数 ································· 131
 6.5　光纤传输链路测试技术参数 ············· 140
  6.5.1　光缆测试链路长度 ·················· 140
  6.5.2　光纤损耗参数 ························ 141
 6.6　常用测试仪表及使用 ······················ 141
  6.6.1　测试仪表性能要求 ·················· 141
  6.6.2　验证测试仪表的使用 ·············· 143
  6.6.3　认证测试仪表的使用 ·············· 144
 6.7　光纤测试 ······································· 149
 6.8　工程验收 ······································· 151
  6.8.1　验收要求 ······························ 151
  6.8.2　验收阶段 ······························ 151
  6.8.3　验收内容 ······························ 152
  6.8.4　缆线的敷设和保护方式检验 ····· 153
  6.8.5　缆线终接检验 ························ 155
  6.8.6　工程电气测试 ························ 156
  6.8.7　工程验收项目汇总 ·················· 156
 6.9　竣工验收 ······································· 157
  6.9.1　竣工验收组织 ························ 157
  6.9.2　竣工验收依据 ························ 158
  6.9.3　竣工验收项目 ························ 158
 习　题 ··· 159

第7章　网络综合布线工程实例 ············· 160
 7.1　办公楼综合布线系统设计 ··············· 160
  7.1.1　设计概述 ······························ 160
  7.1.2　综合布线系统设计 ·················· 160
  7.1.3　主要工程量表 ························ 163

  7.1.4 主要布线材料计算 …………………………………………………………… 164
  7.1.5 工程图纸 …………………………………………………………………… 164
 7.2 商业大楼综合布线系统设计 …………………………………………………………… 166
  7.2.1 设计概述 …………………………………………………………………… 166
  7.2.2 综合布线系统设计 ………………………………………………………… 166
  7.2.3 产品选型 …………………………………………………………………… 167
  7.2.4 主要工程量表 ……………………………………………………………… 168
  7.2.5 工程材料计算 ……………………………………………………………… 168
  7.2.6 工程图纸 …………………………………………………………………… 169
 习 题 ……………………………………………………………………………………… 170

第8章 实训指导 ……………………………………………………………………………… 171
 实训一 认识综合布线系统结构 ………………………………………………………… 171
 实训二 5类双绞线RJ-45水晶接头的制作 ………………………………………………… 173
 实训三 110型配线架、信息模块的电缆端接 ……………………………………………… 175
 实训四 同轴电缆连接器的制作 ………………………………………………………… 177
 实训五 布线通道的组合安装 …………………………………………………………… 179
 实训六 各种线缆、光缆的敷设布放 …………………………………………………… 181
 实训七 设备机架安装及光、电缆的终端固定 ………………………………………… 183

第1章 智能建筑与网络综合布线

◎ **本章要点**
- 智能建筑的定义和组成结构
- 综合布线系统的定义、特点及应用
- 综合布线系统的结构和组成
- 综合布线系统的设计等级和标准

◎ **学习要求**
- 了解智能建筑的概念和组成结构
- 理解综合布线的定义、特点及应用
- 理解综合布线系统的结构和组成
- 初步了解综合布线系统的设计等级及标准

1.1 智能建筑的定义和组成结构

智能建筑,是建筑业和电子信息产业相结合的产物。随着科学技术的飞速发展,智能建筑的功能也在不断增强,极大地方便了人们的工作和生活。那么,什么是智能建筑?它的组成结构是怎样的?本节将会回答这些问题。

1.1.1 智能建筑的定义

美国智能化建筑学会(American Intelligent Building Institute)对智能建筑下的定义是:智能建筑是这样的一种建筑物,它要实现结构、系统、服务、运营及相互关系的全面综合,达到最佳组合,构造高效率、高性能与高舒适性的大楼或建筑。智能建筑通过对建筑物的4个基本要素,即结构、系统、服务和管理,以及它们之间的内在联系,以最优化的设计,为人们提供一个投资合理而又便利快捷、高度安全的环境空间。

智能建筑的概念,诞生于在20世纪70年代末的美国。第一幢智能大厦由美国联合技术公司(UTC)于1984年1月在美国康涅狄格州哈特福德市建成。通过对一幢旧的金融大厦进行改建,在楼内增加了计算机、数字程控交换机等先进的办公设备以及高速通信线路等基础设施,使大楼的客户无须购置通信设备即可进行语言通信、文字处理、电子邮件、情报检索和科学计算等工作。此外,大楼内的供暖、供水、消防、配电、保安、照明和交通等系统均由计算机控制,实现了自动化的综合管理,使用户感到舒适、方便且安全,从而第一次出现了"智能建筑"这一名称。从此,智能建筑在美国、日本以及欧洲等地迅速发展起来。

智能大厦(建筑)的建设,从20世纪90年代起才开始在我国起步,但迅猛发展的势头令世人瞩目,智能建筑的建设已成为一个迅速成长的新兴产业。

智能建筑是多学科、跨行业的系统技术与工程,它是现代高新技术的结晶,是建筑艺术与信息技术相结合的产物。随着微电子技术的不断发展,通信、计算机的应用不断普及,建筑物内的所有公共设施都可以采用"智能"系统来提高楼宇的综合服务能力。

综合布线系统是伴随着智能建筑的发展而崛起的,它是大厦智能化得以实现的"高速公路"。综合布线系统正是为了实现智能大厦综合服务与管理的需要而建立的。

1.1.2 智能建筑的组成结构

智能建筑主要由综合布线系统、楼宇自动化系统、办公自动化系统、通信自动化系统及系统集成中心5大部分组成。智能建筑的主要设备通常放置在智能建筑内的系统集成中心(System Integrated Center,缩写SIC)。它通过建筑物综合布线与各种终端设备,如通信终端(电话机、传真机等)、传感器(如烟雾、压力、温度、湿度等)的连接,"感知"建筑物内各个空间的"信息";并通过计算机进行处理,给出相应的控制策略;再通过通信终端或控制终端(如步进电机、各种阀门、开关等)给出相应的控制对象动作反应,使大楼具有所谓的某种"智能"。

目前,智能建筑的基本功能主要有:大楼自动化(BA)、通信自动化(CA)、办公自动化(OA)、防火自动化(FA)、信息管理自动化(MA)和保安自动化(SA)。依据国际惯例,FA和SA等均应放在BA中,MA已经包含在CA中。因此,通常采用以BA、CA和OA为核心的"3A"智能化建筑的提法,BA、CA和OA是智能化建筑中最基本的,而且是必须具备的功能。

图1-1所示为智能建筑的系统集成中心利用综合布线连接并控制的"3A"系统组成结构。

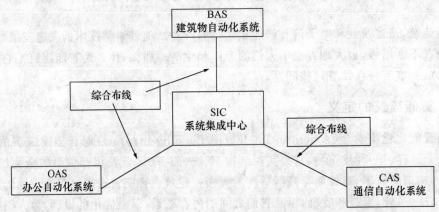

图1-1 智能建筑的组成结构

1. 系统集成中心

系统集成中心,是以计算机为主体的智能建筑的最高层控制中心,监控整个智能大厦运作。它通过综合布线系统将各个系统连为一体,实施统一管理和监控,同时为各子系统之间建立起一个标准的信息交换平台。

2. 综合布线系统

综合布线系统是大厦所有信息的传输系统,可以传输数据、语音、影像和图文等多种信号,支持多数厂商各类设备的集成与集中管理控制。通过统一规划、统一标准、模块化设计和统一建设实施;利用同轴电缆、双绞线或光缆介质(或无线方式)来完成各类信息的传输,以满足智能化建筑高效、可靠、灵活性等要求。综合布线系统一般包括:建筑群子系统、设备间子系统、垂直子系统、水平子系统、管理子系统和工作区子系统 6 个部分。

3. 楼宇自动化系统(BAS)

楼宇自动化系统是将建筑物(或建筑群)内的电力、照明、空调、运输、防灾、保安、广播等设备以集中监视、控制和管理为目的而构成的一个综合系统。

4. 办公自动化系统(OAS)

办公自动化系统是由计算机技术、通信技术、系统科学等高新技术所支撑的辅助办公的自动化系统,其主要包括:电子信箱、视听、电子显示屏、物业管理、文字处理、共用信息库、日常事务管理等若干部分。它主要完成各类电子数据处理,对各类信息实施有效管理,具有辅助决策者迅速做出正确决定的功能。

5. 通信自动化系统(CAS)

智能建筑中的信息通信系统应具有对于来自建筑物内外各种不同信息进行收集、处理、存储、传输和检索的能力,能够为用户提供包括语音、图像、数据乃至多媒体等信息的本地和远程传输的完备的通信手段和最快、最有效的信息服务。

智能建筑中的信息通信系统包括:语音、数据通信、图文通信和卫星通信等部分。具体实现卫星通信、无线寻呼、会议电视、可视图文、传真、电话、有线电视、数据通信等各种功能。

综上所述,智能建筑实质上是利用电子信息系统集成技术将 BA、CA、OA 和建筑有机地结合为一体的一种适合现代信息化社会综合要求的建筑物,综合布线系统是实现这种结合的有机载体。

《智能建筑设计标准》(中华人民共和国国家标准 GB/T 50314—2000)是规范建筑智能化工程设计的准则,其对智能办公楼、综合楼、智能小区、住宅都有条文规定。其具体内容大体分为 5 部分:①建筑设备自动化系统,包括楼宇设备运行管理与监控,火灾自动报警与消防控制,公共安全防范;②通信网络系统;③办公自动化系统;④综合布线系统;⑤建筑智能化系统集成。

1.2 综合布线系统的定义、特点及应用

1.2.1 综合布线系统的定义

综合布线系统的定义为:通信电缆、光缆、各种软电缆及有关连接硬件构成的通用布线系统,它能支持多种应用系统。即使用户还没有确定具体的应用系统,也可以进行布线系统的设计和安装,通常综合布线系统中不包括各种应用设备。

综合布线是一种模块化的、灵活性极高的建筑物内或建筑群之间的信息传输通道。它既能使语音、数据、图像设备和交换设备与其他信息管理系统彼此相连,也能使这些设备与外部相连接。它还包括建筑物外部网络或电信线路的连接点以及与应用系统设备之间的所有线缆

及相关的连接部件。综合布线由不同系列和规格的部件组成,其中包括:传输介质、相关连接硬件(如配线架、连接器、插座、插头、适配器)以及电气保护设备等。这些部件可以用来构建各种子系统,它们都有各自的具体用途,不仅易于实施,而且能够随需求的变化而升级。

  智能大厦的重要组成部分是综合布线系统,它包含了建筑物所有系统的布线,在工程的统一标准方面目前还没有达成共识,目前在商用建筑布线工程的实施上遵循结构化布线系统(SCS,Structured Cabling System)标准。

  结构化布线系统和综合布线系统在实质上是有区别的,是两个不同的概念,前者仅限于电话和计算机网络的布线,而后者不仅包括前者,还包括更多的系统布线。结构化布线系统是随着电信发展而产生的,当建筑物内的电话线和数据线缆越来越多时,人们需要建立一套布线系统来对各种线缆进行端接和集中管理。目前,结构化布线系统的代表产品称为建筑与建筑群综合布线系统。通常我们所说的综合布线系统是指结构化布线系统。

  结构化布线系统的特点如下:

- 实用。支持包括数据、语音和多媒体等多种系统的通信,适应未来技术发展需要。
- 灵活。同一个信息接入点可支持多种类型设备,可连接计算机设备或电信设备。
- 开放。可以支持任何计算机网络结构,可以支持各个厂家的网络设备。
- 模块化。使用的所有接插件都是积木式的标准件,使用方便,管理容易。
- 易扩展。系统集成容易扩充,在需要时可随时将设备增加到系统之中。
- 经济。一次投资建设,长期使用,维护方便,整体投资经济。

1.2.2 综合布线系统的特点

  与传统布线相比,综合布线系统的特点主要表现在它具有兼容性、开放性、灵活性、可靠性、先进性和经济性,而且在设计、施工和维护方面也给人们带来方便。

1. 兼容性

  所谓兼容性是指其设备或程序可以用于多种系统中的特性。综合布线系统将语音信号、数据信号与监控设备的图像信号配线经过统一的规划和设计,采用相同的传输介质、信息插座、交连设备、适配器等,将这些性质不同的信号综合到一套标准的布线系统中。这样,与传统布线系统相比,可以节约大量的物质、时间和空间。在使用时,用户无需定义某个工作区的信息插座的具体应用,只要把某种终端设备接入这个信息插座,然后在管理间和设备间的交连设备上做相应的跳线操作,这个终端设备就被接入到系统中。

2. 开放性

  在传统的布线方式中,用户选定了某种设备,也就选定了与之相适应的布线方式和传输介质。如果更换另一种设备,则原来的布线系统就要全部更换。综合布线系统由于采用开放式的体系结构,符合多种国际上流行的标准,几乎对所有著名的厂商都是开放的,例如,IBM、DEC、SUN 等公司的计算机设备,AT&T、NT、NEC 等公司的交换机设备。其对几乎所有的通信协议也是开放的,例如,EIA-232-D,RS-422,RS-423,ETHERNET,TOKENRING,FDDI,CDDE,ISDN,ATM 等。

3. 灵活性

  在综合布线系统中,由于所有信息系统皆采用相同的传输介质、物理星形拓扑结构,因此所有的信息通道都是通用的。每条信息通道均可支持电话、传真、多用户终端、10 Base-T 工作站以及令牌环工作站(采用5类连接方案,可以支持100 Base-T 以及 ATM)等。所有设备的开通及更改均无需改变系统布线,只需增减相应的网络设备,并进行必要的跳线管理即可。

4. 可靠性

综合布线系统采用高品质的材料和组合压接的方式构成一套高标准的信息通道。所有器件均通过 UL、CSA 及 ISO 认证;每条信息通道都要采用物理星形拓扑结构,点到点端接;任何一条线路故障均不影响其他线路的运行,这为线路的运行维护及故障检修提供了方便,从而保障了系统的可靠运行。

5. 先进性

所有布线采用最新通信标准。信息通道均按布线标准进行设计,按八芯双绞线进行配置。通过敷设超5类的双绞线,数据最大速率可达到 1 000 Mbps。对于需求特殊的用户,可将光纤敷设到桌面。

6. 经济性

衡量一个建筑产品的经济性,应该从两个方面加以考虑,即初期投资与性能价格比。一般说来,用户总是希望建筑物所采用的设备在开始使用时应该具有良好的实用特性,而且还应该有一定的技术储备。在今后的若干年内应保证最初的投资,即在不增加新投资的情况下,还能保持先进性。与传统的布线方式相比,综合布线系统就是一种既具有良好的初期投资特性,又具有很高的性能价格比的高科技产品。

1.2.3 综合布线系统的应用

目前,信息处理系统发展迅速,对信息传输的快速、便捷、安全性和稳定可靠性要求越来越高。在新建的智能建筑中,要求所采用的布线系统对内适应不同的网络设备、主机、终端、计算机及外部设备,具有灵活的拓扑结构和足够的系统扩展能力;对外通过国家公用网同外部信息源相连接。

由于现代化智能建筑和建筑群的不断涌现,综合布线系统的适用场合和服务对象逐渐增多,目前主要有以下几类:

① 商业贸易类型。如商务贸易中心、金融机构、高级宾馆、股票证券市场和高级商城大厦等。

② 综合办公类型。如政府机关、公司总部等办公大厦,办公、贸易和商业兼有的综合业务楼和租赁大厦等。

③ 交通运输类型。如航空港、火车站、长途汽车客运枢纽站、城市公共交通指挥中心、邮政枢纽楼和电信枢纽楼等公共服务建筑。

④ 新闻机构类型。如广播电台、电视台、新闻通讯社、书刊出版社及报社业务楼等。

⑤ 其他重要建筑群类型。如医院、急救中心、气象中心、科研机构、高等院校和工业企业的高科技业务楼等。

1.3 综合布线系统的结构和组成

综合布线系统由不同系列和规格的部件组成,其中包括传输介质、相关的连接硬件(如配线架、插座、插头、适配器等)以及电气保护设备等。

综合布线系统一般采用分层式星型拓扑结构。该结构下的每个子系统都是相对独立的单元,对每个分支子系统的改动都不影响其他子系统,只要改变节点连接方式,就可使综合布线在星形、总线形、环形、树状形等结构之间进行转换。

综合布线系统采用模块化的结构,按每个模块的作用,可把综合布线系统划分成6个部分,如图1-2所示。

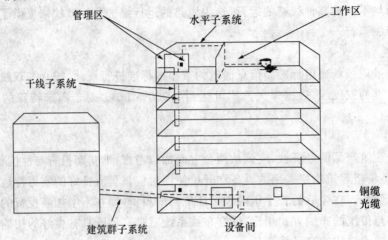

图1-2 综合布线系统分为6个部分

6个部分中的每一部分相互独立,单独设计,单独施工。更改其中一个子系统时,不会影响到其他子系统。下面逐一介绍这6个部分。

1. 工作区

工作区,也称工作区子系统,提供从水平子系统端接设施到设备的信号连接,通常由连接线缆、网络跳线和适配器组成,如图1-3所示。

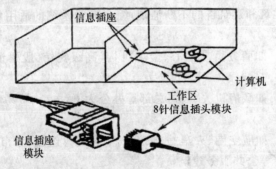

图1-3 工作区子系统的构成

用户可以将电话、计算机和传感器等设备连接到线缆插座上。插座通常由标准模块组成,能够完成从建筑物自动控制系统的弱电信号到高速数据网和数字语言信号等各种复杂信息的传送。

2. 水平子系统

水平子系统,也称水平主干子系统,提供楼层配线间至用户工作区的通信干线和端接设施,如图1-4所示。水平主干线通常使用屏蔽双绞线(STP)和非屏蔽双绞线(UTP),也可以根据需要选择光缆。端接设施主要是相应通信设备和线路连接插座。对于利用双绞线构成的水平主干子系统,通常最远延伸距离不能超过 90 m。

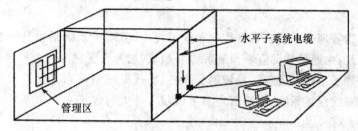

图 1-4 水平子系统

水平子系统与干线子系统的区别在于:水平子系统通常处于同一楼层上,线缆的一端连接在配线间的配线架上,另一端连接在信息插座上。在建筑物内水平子系统多为 4 对双绞电缆,这些双绞电缆能支持大多数终端设备。在需要较高宽带应用时,水平子系统也可以采用"光纤到桌面"的方案。当水平工作面积较大时,在这个区域内可以设置二级交接间。

3. 干线子系统

干线子系统,也称为垂直主干子系统,如图 1-5 所示。

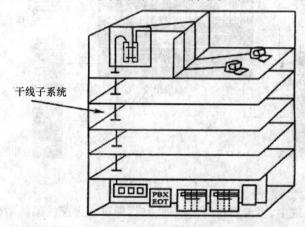

图 1-5 干线子系统

它是建筑物中最重要的通信干道,通常由大对数铜缆或多芯光缆组成,安装在建筑物的弱电竖井内。垂直干线子系统提供多条连接路径,将位于主控中心的设备和位于各个楼层的配线间的设备连接起来,两端分别连接在设备间和楼层配线间的配线架上。垂直主干子系统的最大延伸距离与所采用的线缆有关。

4. 设备间

设备间也称为设备子系统,它是结构化布线系统的管理中枢,整个建筑物或大楼的各种信号都经过各类通信电缆汇集到该子系统。具备一定规模的结构化布线系统通常设立集中安置设备的主控中心,即通常所说的网络中心机房或信息中心机房。在设备间安装、运行和管理系统的公共设备,如计算机局域网主干通信设备、各种公共网络服务器和程控交换设备等。为便于设备的搬运以及各种汇接的方便,如广域网电缆接入,设备间的位置通常选定在每一座大楼的第 1、2 层或第 3 层。

这样的设计和考虑主要是方便各种管理以及设备的安装,相对于各种系统而言,可以实现就近连接。

5. 管理区

管理区也称为管理子系统。在结构化布线系统中,管理子系统是垂直子系统和水平子系统的连接管理系统,由通信线路互联设施和设备组成,通常设置在专门为楼层服务的设备配线间内。常用的管理子系统设备包括局域网交换机、布线配线系统和其他有关的通信设备和计算机设备。利用布线配线系统,网络管理者可以很方便地对水平主干子系统的布线连接关系进行变更和调整。

布线配线系统常称为配线架,由各种各样的跳线板和跳线组成。图1-6所示是布线配线系统的示意图。

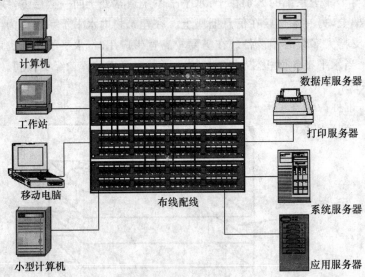

图1-6 布线配线系统

在结构化布线系统中,当需要调整配线连接时,即可通过配线架的跳线来重新配置布线的连接顺序,从一个用户端子跳接到另一条线路上去。跳线有各种类型,如光纤跳线、双绞线跳线;有单股,也有多股。跳线机构的线缆连接,大都采用无焊快速接续方法。基本的连接器件是接线子,接线子根据不同的快接方法具有不同的结构。其中由绝缘移位法而发展起来的快速夹线法被广泛使用。这种接线子一般为钢制带刃的线夹,当把电缆压入线夹时,线夹的刀刃会剥开电缆的绝缘层而与缆芯相连。随着光纤技术在通信和计算机领域的广泛应用,光纤在布线系统中也得到了越来越多的应用。布线系统中光纤的连接需要有专门的设备、技术并严格按照规程操作。

6. 建筑群子系统

建筑群由两个及两个以上建筑物构成。这些建筑物彼此之间需要进行信息交流。综合布线的建筑群干线子系统的作用,是构建从一座建筑物延伸到建筑群内的其他建筑物的标准通信连接。

该系统包括连接各建筑物之间的缆线和配线设备,以及防止电缆的浪涌电压进入建筑物的电气保护设备等。建筑群子系统宜采用地下管道布设方式,管道内布设的铜缆或光缆应遵循电话管道和人孔的各项设计规定。此外,安装时至少应预留 1～2 个备用管孔,以供扩充之用。建筑群子系统采用直埋沟内布设时,如果在同一沟内埋入了其他的图像、监控电缆,应设立明显的共用标志。电话局引入的电缆应进入一个阻燃接头箱,再接至保护装置。

1.4 综合布线系统的设计等级和标准

1.4.1 综合布线系统的设计等级

对于建筑物的综合布线系统,一般定为 3 种不同的布线系统等级,分别是基本型综合布线系统、增强型综合布线系统和综合型综合布线系统。

1. 基本型综合布线系统

基本型综合布线系统方案,是一个经济有效的布线方案。它支持语音或综合型语音/数据产品,并能够全面过渡到数据的异步传输或综合型布线系统。它的基本配置包括:

- 每一个工作区有 1 个信息插座;
- 每一个工作区有一条水平布线、4 对 UTP 系统;
- 完全采用 110A 交叉连接硬件,并与未来的附加设备兼容;
- 每个工作区的干线电缆至少有 4 对双绞线。

基本型综合布线系统的特点为:能够支持所有语音和数据传输应用;支持语音、综合型语音/数据高速传输;便于维护人员维护、管理;能够支持众多厂家的产品设备和特殊信息的传输。

2. 增强型综合布线系统

增强型综合布线系统不仅支持语音和数据的应用,还支持图像、影像、影视和视频会议等。它具有为增加功能提供发展的余地,并能够利用接线板进行管理。它的基本配置包括:

- 每个工作区有两个以上信息插座;
- 每个信息插座均有水平布线、4 对 UTP 系统;
- 具有 110A 交叉连接硬件;
- 每个工作区的电缆至少有 8 对双绞线。

增强型综合布线系统的特点为:每个工作区有两个信息插座,灵活方便、功能齐全;任何一个插座都可以提供语音和高速数据传输;便于管理与维护;能够为众多厂商提供服务环境的布线方案。

3. 综合型综合布线系统

综合型布线系统是将双绞线和光缆纳入建筑物的布线系统。它的基本配置包括:

- 在建筑、建筑群的干线或水平布线子系统中配置 $62.5\ \mu m$ 的光缆;
- 在每个工作区的电缆内配有 4 对双绞线;
- 每个工作区的电缆中应有两条以上的双绞线。

综合型综合布线系统的特点为:每个工作区有两个以上的信息插座,不仅灵活、方便而且功能齐全;任何一个信息插座都可供语音和高速数据传输;有一个很好的环境为客户提供服务。

1.4.2 综合布线系统的标准

由于市场的激烈竞争,各个结构化布线系统的厂商通常都在推行自己的布线系统标准,但如果厂商推行的标准不符合国际标准,其产品就没有市场,所以,现在绝大多数的布线产品都符合综合布线的国际标准。

1. EIA/TIA 568A、EIA/TIA 568B、EN 50173 和 ISO/IEC 11801 布线标准

① EIA/TIA 568A 是在北美广泛使用的商业建筑通信布线标准。1985 年在美国开始编制,1991 年形成第一个版本,后经过改进于 1995 年 10 月正式定为 EIA/TIA 568A。

② EIA/TIA 568B 由 EIA/TIA 568A 演变而来,经过 10 个版本的修改,于 2002 年 6 月正式出台。新的 568-B 标准从结构上分为 3 部分:568-B1 综合布线系统总体要求、568-B2 平衡双绞线布线组件和 568-B3 光纤布线组件。

③ EN 50173 是欧洲的标准,与前两个标准在基本理论上是相同的,都是利用铜质双绞线的特性实现数据链路的平衡传输。但欧洲标准更强调电磁兼容性,提出通过线缆屏蔽层,使线缆内部的双绞线对在高带宽传输的条件下,具备更强的抗干扰能力和防辐射能力。

④ ISO/IEC 11801 是国际标准化组织在 1995 年颁布的国际标准。

我国对建筑物综合布线系统和计算机系统也相应制定和颁布了有关国家标准。这些标准包括:

① 《建筑与建筑群综合布线系统工程设计规范》(GB/T 50311—2000);
② 《建筑与建筑群综合布线系统工程验收规范》(GB/T 50312—2000);
③ 《计算机站场地技术条件》(GB2887—89);
④ 《电子计算机机房设计规范》(GB50174—93);
⑤ 《计算机站场地安全要求》(GB9361—88)。

这些标准作为综合布线工程实施时的技术执行和验收标准。

这些标准支持下列计算机网络标准:

① IEEE 802.3 总线局域网络标准;
② IEEE 802.5 环形局域网络标准;
③ FDDI 光纤分布数据接口高速网络标准;
④ CDDI 铜线分布数据接口高速网络标准;
⑤ ATM 异步传输模式。

2. 综合布线标准要点

(1) 目　的

规范一个通用语音和数据传输的电信布线标准,以支持多设备、多用户的环境;为服务于商业的电信设备和布线产品的设计提供方向;能够对商用建筑中的结构化布线进行规划和安装,使之能够满足用户的多种电信要求;为各种类型的线缆、连接件以及布线系统的设计和安装建立性能和技术标准。

(2) 范　围

综合布线标准针对的是"商业办公"电信系统。布线系统的使用寿命要求在 10 年以上。

(3) 内　容

综合布线标准内容包括:所用介质、拓扑结构、布线距离、用户接口、线缆规格、连接件性能和安装程序等。

(4) 几种布线系统的涉及范围和要点

① 水平干线布线系统：涉及水平跳线架、水平线缆；线缆出入口/连接器、转换点等。

② 垂直干线布线系统：涉及主跳线架、中间跳线架；建筑外主干线缆、建筑内主干线缆等。

③ UTP 布线系统：UTP 布线系统传输特性划分为以下 5 类线缆。

- 5 类：指 100 MHz 以下的传输特性。
- 4 类：指 20 MHz 以下的传输特性。
- 3 类：指 16 MHz 以下的传输特性。
- 超 5 类：指 155 MHz 以下的传输特性。
- 6 类：指 200 MHz 以下的传输特性。

目前主要使用 5 类、超 5 类和 6 类布线系统，但最新的 7 类布线产品也已上市，并已开始工程应用。

④ 光缆布线系统：在光缆布线中分水平干线子系统和垂直干线子系统，它们分别使用不同类型的光缆。

⑤ 水平干线子系统：62.5 μm/125 μm 多模光缆（入/出口有 2 条光缆），多数为室内型光缆。

⑥ 垂直干线子系统：62.5 μm/125 μm 多模光缆或 10/125 μm 单模光缆。

综合布线系统标准是一个开放型的系统标准，应用广泛。因此，按照综合布线系统进行布线，会为用户今后的应用提供方便，也保护了用户的投资，使用户投入较少的费用，便能向高一级的应用范围转移。

习 题

1. 简述智能建筑的主要功能和组成结构。
2. 简述综合布线的定义和特点。
3. 实地参观一个智能建筑和综合布线系统，画出简明的系统概要图。
4. 列举一些综合布线系统的应用实例。
5. 简述综合布线系统的主要技术标准。这些不同的标准所涉及的要点有哪些？

第2章 传输介质与网络互联设备

◎ 本章要点

- 双绞线电缆
- 同轴电缆
- 光缆
- 无线通信介质
- 综合布线系统所选用的介质
- 网络连接设备

◎ 学习要求

- 了解常用的信号传输线种类及其内部结构
- 掌握双绞线的传输特性及性能指标
- 掌握光纤的传输特性
- 理解无线传输介质的优点
- 理解交换机、路由器的工作原理

2.1 有线通信介质

传输介质是数据传输系统中发送装置与接收装置之间的物理媒体,分为有线通信介质(铜缆、光缆等)和无线通信介质(无线电、微波等)两类。有线传输介质主要有双绞线电缆、同轴电缆和光纤。

2.1.1 双绞线电缆

双绞线电缆(简称为双绞线)是综合布线系统中最常用的一种传输介质,可以传输模拟和数字信号,尤其在星形网络拓扑结构中,双绞线是必不可少的布线材料。双绞线电缆中封装着一对或一对以上的双绞线。为了降低信号的干扰程度,每一对双绞线一般由两根绝缘铜导线相互缠绕而成。双绞线可分为屏蔽双绞线(STP)和非屏蔽双绞线(UTP)两大类。其中,STP分为三类和五类两种,UTP分为三类、四类、五类、超五类四种(一类、二类已不被 ANSI/EIA/TIA 标准所承认),而六类和七类双绞线也会在不远的将来运用于计算机网络的布线系统。

1. 屏蔽双绞线和非屏蔽双绞线的区别

双绞线的最大传输距离一般为 100 m。屏蔽双绞线电缆的外面由一层金属材料包裹,以减小辐射,防止信息被窃听,同时具有较高的数据传输率(五类 STP 在 100 m 内可达到 155 Mbps,而 UTP 只能达到 100 Mbps)。但屏蔽双绞线电缆的价格相对较高,安装屏蔽双绞线电缆要比安装非屏蔽双绞线电缆困难,必须使用特殊的连接器,技术要求也比非屏蔽双绞线电缆的高。与屏蔽双绞线电缆相比,非屏蔽双绞线电缆外面只需一层绝缘胶皮,因而质量轻、易弯曲、易安装,组网灵活,非常适用于综合布线系统,所以在无特殊要求的计算机网络布线中,常使用非屏蔽双绞线电缆。

2. 双绞线的主要性能指标

由于目前市面上双绞线电缆的生产厂家较多,同一标准、规格的产品,可能在使用性能上存在着很大的差异,为了方便大家选用,将双绞线的主要性能指标介绍如下:

(1) 衰　减

衰减是指信号沿线路的损失程度。衰减的大小对网络传输距离和可靠性影响很大,一般情况下衰减随频率的增大而增大。电缆越长,信号频率越高,其衰减越大,即信号的损失越多。网络标准中规定了可以容忍的最大信号损失,所以应保证电缆的衰减在规定的指标之内。通常在星形拓扑结构的综合布线系统中,双绞线网络的衰减只影响一个用户。如果衰减指标达不到规定的要求,就可能会有如下问题:

➢ 网络速度下降。
➢ 间歇地发现找不到服务器。

表 2-1 列出了各种 UTP 电缆的最大衰减值。五类和超五类电缆被视为是标推型号,而六类和七类电缆将被作为推荐型号。

表 2-1　各种 UTP 电缆在不同频率下的最大衰减值

电缆类型	频率 f/MHz	衰减(最大)/dB
五类	100	21.6
超五类	100	21.6
六类	100	21.7
六类	250	36.0
七类	100	20.8
七类	600	54.1

(2) 串　扰

串扰主要针对非屏蔽双绞线电缆而言,是指沿一对导线传输的信号中的一部分"泄漏"到相邻一对导线上去的倾向。分为近端串扰和远端串扰。其中,对网络传输性能起主要作用的是近端串扰。近端串扰是指电缆中的一对双绞线对另一对双绞线的干扰程度。连接的串扰参数 NEXT 不仅取决于电缆本身的性能,而且沿连接通路的接收器,包括最终连接头以及制作连接时的技术水平(接头处线缆被剥开失去双绞的线对长度)对其也有很大影响。普遍使用的 RJ-45 标准插头和插座对连接的 NEXT 影响很大。这正是标准工作组遇到的技术难题之一。串扰测量值越大,电缆的性能越好(测量串扰值时,串扰值被视为一种损耗,所以负号通常被省略)。

表 2-2 列出了不同类型串扰的最小串扰值。五类电缆、超五类以及六类电缆的串扰值用于基本链路（布线系统的固定部分，不包括跳接电缆和交叉连接），而七类电缆的串扰值则适用于信道链路（从主机到网络设备的整条电缆，包括跳接电缆、配线架设备以及交叉连接）。

表 2-2 各种型号电缆在不同频率下可接收的最小串扰

电缆类型	频率 f/MHz	NEXT/dB
五类	100	29.3
超五类	100	32.3
六类	100	41.9
六类	250	35.4
七类	100	39.9
七类	600	51.0

(3) 阻 抗

双绞线电缆中的阻抗主要指特性阻抗，是指电缆对高频信号的负载阻抗。一般而言，电缆的特性阻抗在整条电缆上应是一个常数。电缆上任何一点所引起的阻抗的突然变化会产生"反射"。最严重的例子是开路和短路，它们会产生全反射。对于双绞线，当电缆和 8 芯接头连接进行了过多的反绕时还会产生特性阻抗不匹配。阻抗包括材料的电阻、电感及电容阻抗。一般分为 100 Ω、120 Ω 及 150 Ω 几种。

(4) 衰减串扰比(ACR)

衰减串扰比是指在同一线对上接收到的信号与串扰相比大出多少的指标。当信号从发送器发出并穿越电缆时，不断削弱，当它到达接收器时是最弱的。NEXT 在导线的近端，靠近发射机，绝大多数都能被检测到。ACR 有时被认为是信噪比(SNR)。电缆衰减值和 NEXT 值之间的"空隙"被看作是电缆的可用带宽。SNR 值不仅体现出数据传输本身所产生的"噪声"，同时还能看出外部干扰。ACR 值和 NEXT 值除了在高电磁干扰的环境外一般都是一致的。表 2-3 所列数据出自 TSB-67 公报。注意对于信道链路而言，在 100 MHz 的频率下最小的 ACR 值为 3 dB。

表 2-3 五类电缆的衰减值与 NEXT 值

频率 f/MHz	衰减(最大)/dB	NEXT/dB
1	2.5	60
4	4.5	50.6
8	6.3	45.6
10	7	44
16	9.2	40.6
20	10.3	39

续表 2-3

频率 f/MHz	衰减(最大)/dB	NEXT/dB
25	11.4	37.4
31.25	12.8	35.7
62.5	18.5	30.6
100	24	27.1

(5) 回程损耗

一些电子在电缆内的传送过程中可能会碰到阻抗失配或导线的某些问题而被反射回发送器,这就是所谓的回程损耗。如果电子在反射回以前已经传送了相当距离,那么回程损耗就可能觉察不出来。这是由于回程信号在反射回发送器以前就已经消散掉了。如果返回的信号足够强的话,它就能干扰像 100BASE-T 这类以太网的传输速度。表 2-4 所列为现行可接收的回程损耗最大值。

表 2-4 回程损耗值

电缆类型	频率 f/MHz	回程损耗/dB
五类	100	8
超五类	100	10
六类	100	12
六类	250	8
七类	100	14.1
七类	600	8.7

上述性能参数,可参看双绞线电缆的说明书,必要时可通过专用仪器测得。

3. 双绞线的传输特性和用途

(1) 三类线

三类电缆的最高传输频率为 16 MHz,最高传输速率为 10 Mbps,可用于语音传输和最高传输速率为 10 Mbps 的数据传输。

(2) 四类线

该类双绞线的最高传输频率为 20 MHz,最高传输速率为 16 Mbps,可用于语音传输和最高传输速率为 16 Mbps 的数据传输。

(3) 五类线

五类双绞线电缆使用了特殊的绝缘材料,其最高传输频率达到 100 MHz,最高传输速率达到 100 Mbps,可用于语音传输和最高传输速率为 100 Mbps 的数据传输。

(4) 超五类线

与五类双绞线相比,超五类双绞线的衰减和串扰更小,可提供更坚实的网络基础,满足大多数应用的需求(尤其支持千兆位以太网 1000BASE-T 的布线),给网络的安装和测试带来了便利,成为目前网络应用中较好的解决方案。超五类线的传输特性与普通五类线的相同,但超五类布线标准规定,超五类电缆的全部 4 对线都能实现全双工通信。

(5) 六类线

电信工业协会(TIA)和国际标准化组织于2002年制定了六类布线标准。该标准规定布线应达到250 MHz的带宽,同时采用一个8端口模块化插座和插头,可以传输语音、数据和视频,足以满足高速和多媒体网络的需要。

(6) 七类线

与六类线标准相比,七类线在接头等方面作了更大的变动,并采用了屏蔽双绞线电缆,而且整个系统的成本增加了很多。

4．双绞线电缆的连接

双绞线一般用于星形网络布线。在超五类以下电缆连接中,每条电缆通过两端安装的RJ-45连接器(水晶头)与网卡和集线器(或交换机)相连,最大网线长度为100 m。如果要加大网络范围,在两段双绞线电缆间可安装中继器,但最多可安装4个中继器,使网络最大范围达到500 m。在线缆两头安装RJ-45连接器时,应保证两个RJ-45连接器中每导线的排线顺序固定、统一。

2.1.2 同轴电缆

同轴电缆安装、维护不易,也比双绞线贵。同轴电缆的优点是,它所支持的带宽范围很大,对外来干扰不那么敏感。同轴电缆是由一根空心的圆柱网状铜导体和一根位于中心轴线的铜导线组成的,铜导线、空心圆柱导体和外界之间用绝缘材料隔开。与双绞线相比,同轴电缆的抗干扰能力强,屏蔽性能好,所以常用于设备与设备之间的连接,或用于总线型网络拓扑结构中。根据直径的不同,同轴电缆又分为细同轴电缆和粗同轴电缆两种。

1．粗缆和细缆的安装区别

细缆在连接处需要切断,在两端安装BNC连接头,BNC连接头与专用T型连接器相连。而粗缆连接时不需要切断,而采用一种类似于夹板的装置进行连接,夹板上的引针插入电缆,直接与导体相连。无论是粗缆还是细缆,在总线的两端都应安装相匹配的终端电阻,以削减信号的反弹。在粗缆组网时,每个接入点必须安装收发器和收发器电缆,安装难度较大,成本较高。相比之下,细缆安装简单,造价低。不过,因为细缆在安装时需切断电缆,在接头处容易产生接触不良的隐患,影响了网络的稳定性,也为故障的排除带来了困难。

2．同轴电缆的性能

(1) 传输特性

50 Ω电缆专用于数字传输,一般使用曼彻斯特编码,数据传输速率可达10 Mbps。CATV电缆(指75 Ω的同轴电缆,主要用作传输电视信号)既可用于传输模拟信号也可用于传输数字信号。对模拟信号,高达300~400 MHz的频率是可能的。CATV电缆可以像传送视频和音频信号那样,传送模拟数据。电缆的频谱被划分成信道,每条信道均可传送模拟信号。每个电视信道分配6 MHz的带宽,而每个无线电信道需要的带宽大大低于这个带宽,因此,使用频分多路复用(FDM)技术可在一条电缆上荷载大量的信道。当使用FDM时,CATV电缆称为宽带电缆。对于数字数据有多种调制方案,包括ASK、FSK和PSK。调制解调器的效率确定了给定数据速率下所需要的带宽。一种好的经验近似是:对5 Mbps和更高的速率可设定为1 Hz/bps,对较低速度则可设定为2 Hz/bps。

为了达到20 Mbps以上的数据传输速率,有两种方法。一种方法是在电缆上采用数字信号传输(像50 Ω电缆那样),用这种方法已能达到50 Mbps的数据传输速率。另一种方法是使用简单的PSK系统,采用150 MHz载波,用这种方法也已能达到50 Mbps的数据传输速率。这两种方法都要求将75 Ω电缆的整个带宽用在数据传输上而不采用FDM。对于低得多的数据传输率度可使用FSK。

(2) 连接性

同轴电缆可应用于点到点和多点配置。基带电缆每段能够支持达100个设备,将各段通过转发器链接起来,则能支持更大的系统。75 Ω宽带电缆能支持数千个设备,但用在高速数据(50 Mbps)时将带来技术问题,使所接设备的数量限于20~30个。

(3) 地域范围

典型基带电缆的最大传输距离限于数千米,而宽带网络则可延伸到数十千米的范围。这种差异与模拟信号和数字信号的相对受损程度有关。通常在工业区和市区所遇到的电磁噪声的类型属于频率相对较低的噪声,这一频率范围也是数字信号中的大部分能量集中之处。模拟信号可置于频率足够高的载波上,从而可避免噪声的主要分量。数字信号或模拟信号的高速传输(50 Mbps)限于1 km左右。由于高速传输,总线上信号之间的物理距离是很短的。因此,为使数据不被丢失,只能允许很低的衰减或噪声。

(4) 抗扰性和成本

同轴电缆的抗扰性取决于应用和实现。一般,对较高频率来说,它优于双绞线的抗扰性。安装质量好的同轴电缆的成本介于双绞线和光纤的成本之间。

3. 同轴电缆在布线中的应用

粗缆具有较高的可靠性,网络抗干扰能力强;但因网络安装、维护和扩展比较困难,所以仅用于大型局域网主干部分的连接。必要时,也可使用粗缆组建总线型的网络,其主要技术参数有:

① 每网段最大长度为500 m,用4个中继器连接5个网段后,网络范围可达到500 m×5=2 500 m;

② 每网段最大节点数为100;

③ 收发器之间的最短长度为2.5 m;

④ 收发器电缆的最大长度为50 m。

与粗缆相比,细缆具有安装容易,造价低,网络抗干扰能力强,网络扩展方便等优点。但因为总线的断点较多,致使网络系统的可靠性降低,网络维护也比较困难,所以细缆主要用于局域网的主干连接。另外,在节点较少且分布较紧凑的小型局域网中也常使用纯细缆的结构。细缆结构的网络中,主要技术参数有:

① 每网段最大长度为185 m,最大可使用4个中继器连接5个网段,使网络直径达到185 m×5=925 m;

② 每网段最大节点数为30;

③ BNC的T型连接头之间的最小距离为0.5 m。

在网络布线中,由于同轴电缆不需要集线器等连接设备,所以目前经常用于用户数较少、传输速率不高的小型网络中。

2.1.3 光缆

光缆由多条光纤组成。光纤即光导纤维,是一种细小、柔韧并能传输光信号的介质。20

世纪 80 年代初期,光缆开始进入网络布线,随即被大量使用。与铜缆(双绞线和同轴电缆)相比较,光缆符合目前网络对长距离传输大容量信息的要求,在计算机网络中发挥着十分重要的作用,成为传输介质中的佼佼者。

1. 光纤的传输特性

光纤通信系统是以光波为载频、光纤为传输介质的通信方式。光纤中当有光脉冲出现时表示为数字"1",反之为数字"0"。光纤通信的主要组成部分有:光发送机、光接收机和光纤。当进行长距离信息传输时还需要中继机。通信中,由光发送机产生光束,将表示数字代码的电信号转变成光信号,并将光信号导入光纤,光信号在光纤中传播,在另一端由光接收机负责接收光纤上传出的光信号,并进一步将其还原成发送前的电信号。

光纤系统使用两种不同类型的光源:发光二极管(LED)和激光二极管。发光二极管是一种固态器件,电流通过时就发光。激光二极管也是一种固态器件,它根据激光器原理进行工作,即激励量子电子效应来产生一个窄带宽的超辐射光束。LED 价格较低,工作在较大的温度范围内,并且有较长的工作周期。激光二极管的效率较高,而且可以保持很高的数据传输率。从整个通信过程来看,一条光纤是不能用于双向通信的,因此,目前计算机网络中一般使用两条以上的光纤来通信,若只有两条时,一条用来发送信息,另一条则用来接收信息。在实际应用中,光缆的两端都应安装有光纤收发器,光纤收发器集成了光发送机和光接收机的功能:既负责光的发送,也负责光的接收。

目前,光纤的数据传输率可达几千兆比特每秒,传输距离达几十千米至上百千米。虽现在一条光纤线路上只能传输一个载波,但随着技术进步,会出现实用的频分多路复用或时分多路复用。

2. 计算机网络中光纤的结构和分类

目前计算机网络中的光纤是用石英玻璃(SiO_2)制成的横截面积很小的双层同心圆柱体。裸光纤由纤芯和包层组成。折射率高的中心部分叫做光纤芯,折射率低的外围部分叫包层。为了保护光纤表面,防止断裂,提高抗拉强度以便于应用,一般需在一束光纤的外围再附加一保护层,这层保护层即为光缆的外套。

光纤分类方法较多,目前在计算机网络中常根据传输点的模数来分类(所谓"模",是指以一定角速度进入光纤的一束光)。根据传输点模数的不同,光纤分为单模光纤(SMF)和多模光纤(mmF)两种。单模光纤采用激光二极管作为光源,而多模光纤则采用发光二极管作为光源。多模光纤纤芯粗,传输速度低,距离短,整体的传输性能差。因为在多模光纤中以不同角度反射的光线在光纤中通过的长度是不等的,在接收端这些有相位差的光线叠加在一起会给信号的正确判断带来困难,也就限制了传输的速率。但多模光纤成本低,一般用于建筑物内或地理位置相邻的环境中。单模光纤的纤芯相应较细,传输频带宽,容量大,传输距离长,但需激光源,成本较高,通常在建筑物之间或地域分散的环境中使用。单模光纤是当前计算机网络中研究和应用的重点。

常用的多模光纤、单模光纤中纤芯/包层的尺寸如下:

- 多模光纤(纤芯/包层)   50 μm/125 μm;62.5 μm/125 μm;100 μm/140 μm。
- 单模光纤(纤芯/包层)   8.3~10.0 μm/125 μm(单模光纤芯的大小是不同的,这个不同通常依赖于光纤制造厂)。

3. 光缆通信的特点

与铜质电缆等传输介质相比,光缆通信具有以下优点。

(1) 频带宽,通信容量大

光缆通信是以光纤为传输介质,光波为载波的通信系统,其载波——光波具有很高的频率(约 10^{14} Hz),因此光纤具有很大的通信容量。

(2) 损耗低,中继距离长

目前,已投入使用的光纤通信系统使用的光纤多为石英光纤,此类光纤在 1.55 μm 波长区的损耗可以降低到 0.18 dB/km,比已知的其他传输介质的损耗都低。因此,由其组成的光纤通信系统的中继距离也较其他介质构成的系统长得多。如果今后采用非石英光纤,并工作在超长波长(大于 2 μm)中,光纤的理论损耗系数可以下降到 $10^{-3} \sim 10^{-5}$ dB/km,此时光纤通信的中继距离可达数千甚至数万千米,这对于降低海底通信的成本、提高可靠性和稳定性具有特别的意义。

(3) 抗电磁干扰

光缆是绝缘体材料,它不受自然界的雷电、电离层变化和太阳黑子活动的干扰,也不受电气化铁路馈电线和高压设备等工业电器的干扰。

(4) 无串音干扰,保密性好

光波在光缆中传输,很难从光缆中泄漏出来,即使在转弯处,弯曲半径很小时,漏出的光波也十分微弱,若在光缆或光缆的表面涂上一层消光剂效果更好。这样,即使光缆内光缆总数很多,也可实现无串音干扰,在光缆外面,也无法窃听到光缆中传输的信息。

(5) 光缆线径细、质量轻、柔软

光缆的芯径很细,约为 0.1 mm,只有单管同轴电缆的 1%;因此光缆的直径也很小,8 芯光缆的横截面直径约为 10 mm,而标准同轴电缆为 47 mm。利用光缆这一特点,使传输系统所占空间小,解决了地下管道拥挤的问题,可节约地下管道建设投资。此外,光缆的质量轻,光缆的质量比电缆轻得多,例如,18 管同轴电缆 1 m 的质量为 11 kg,而同等容量的光缆 1 m 质量只有 90 g,这对在飞机、宇宙飞船和人造卫星上使用光缆通信更具有重要意义。还有就是光缆柔软可挠,容易成束,能得到直径小的高密度光缆。

(6) 光缆的原材料资源丰富,用光缆可节约金属材料

光缆的材料主要是石英(二氧化硅),这在地球上取之不尽用之不竭;而电缆的主要材料是铜,世界上铜的储藏量并不多。用光缆取代电缆,可节约大量的金属材料,具有合理使用地球资源的重大意义。

光缆除具有以上突出的优点外,还具有耐腐蚀力强、抗核、抗辐射、能源消耗小等优点。当然,光缆也存在着一些缺点:如质地脆,机械强度低,切断和连接技术要求较高,分路、耦合较麻烦等,这些缺点也限制了光缆的普及。

4. 光缆在计算机网络中的应用

因光缆的数据传输率可达几千兆比特每秒,无中继传输距离达几十至上百千米,所以在网络布线中得到了广泛应用。目前光缆主要用于集线器到服务器的连接以及集线器到集线器的连接,但随着光缆及其配件性能价格比不断趋于合理,在普通网络中光缆到桌面也将成为可能。网络布线中一般使用 62.5 μm/125 μm(纤芯直径/包层直径)、50 μm/125 μm,100 μm/140 μm 规格的多模光缆和 8.3 μm/125 μm 规格的单模光缆。在户外布线大于 2 km 时,为了

扩大网络范围,可选用单模光缆。

5. 如何选择光缆

了解和选择光缆并不是轻而易举的事情。在选择同轴电缆时,通过外观检查和简单测试就可大体判定其性能优劣。与同轴电缆相比较,光缆不仅结构复杂,材料品种繁多,而且除了现有技术参数外,还有许多潜在因素(用料、生产工艺、设备等),稍有不慎,别说二三十年使用寿命难保,就是数年的技术参数也未必达标。因此在建网时,就很有必要对光缆的结构、用料、工艺等作深入调研和了解,以便选购合适型号的优质光缆。

(1) 根据芯数选择不同型号的光缆

光缆的结构可分为中心束管式、层绞式和带状式等几种,不同的用途,结构又不相同,用户可以根据线路情况提出相应要求。一般12芯以下的采用中心束管式,中心束管式工艺简单,成本低(比层绞式光缆的价格便宜15%左右),在农村架空敷设支干线网络中具有竞争力。层绞式光缆采用中心放置钢绞线或单根钢丝加强,采用SZ绞合成缆,成缆纤数可达144芯,它的最大优点是易于分叉,即光缆部分中的光缆需分别使用时,不必将整个光缆开断,只要将需分叉的光缆开断即可,这对于有线电视网络沿途增设光节点是有利的。带状光缆的芯数可以做到上千芯,它是将4~12芯光缆排列成行,构成带状光缆单元,再将多个带状单元按一定方式排列成缆。县级光缆一般选用束管式和层续式两种即可。

(2) 按照用途选购相应的光缆

根据用途的不同,光缆可分为架空光缆、直埋光缆、管道光缆、海底光缆和无金属光缆等。架空光缆要求强度高、温差系数小;直埋式光缆要求抗埋、抗压、防潮、防湿度特性好,耐化学侵蚀;管道光缆和海底光缆则要耐水压、耐张力、防水特性好;无金属光缆可以和高压线一起架设,绝缘要好,虽然没有铁体加强芯,但也要有一定的抗拉能力。因此,在选购光缆时,用户要根据光缆的用途选择,并对厂家提出要求,确保光缆使用稳定、可靠。

(3) 了解、考察光缆使用的材料及生产工艺

光缆材料的选用是关系到光缆使用寿命的关键。而制造工艺是影响光缆质量的重要环节,工艺稳定、质量优良的产品在光缆生产的全过程中基本上未列入光缆附加损耗,附加损耗≤0.01 dB/km是衡量厂家光缆制造工艺水平的基本数据。

光缆的主要用料有:纤芯、光缆油膏、护套材料、PBT(聚对苯二甲酸丁二醇醋),它们均有不同的质量要求。纤芯要求有较大的扩充能力、较高的信噪比、较低的比特误码率、较长的放大器间距、较高的信息运载能力,要求1 310 nm纤芯的平均损耗<0.34 dB/km,1 550 nm纤芯的平均损耗<0.2 dB/km,所以应选优质纤芯。目前优质纤芯的生产商有美国康宁、英国英康、德国西康等。光缆油膏是指在光缆束管中填充的油膏,其作用一是防止空气中的潮气侵蚀光缆;二是对光缆起衬垫作用,缓冲光缆受振动或冲击影响。油膏有严格的质量要求,强调超低的析氢量,保证光缆低温特性良好,防止"氢损"导致光缆严重损坏,所以也应选优质的,目前世界上较为优质的光缆油膏有:日本SYNCOFX405、美国400N系列等。护套材料对光缆的长期可靠性具有相当重要的作用,是决定光缆拉伸、压扁、弯曲特性、温度特性、耐自然老化(温度、照射、化学腐蚀)特性,以及光缆的疲劳特性的关键。所以应选用高密度的聚乙烯材料,其具有硬度大,抗拉抗压性能好,外皮不易损坏的特点。PBT是制作光缆二次套塑(束管)的热塑性工程塑料,必须具有杨氏模量高(1 600/mm^2)、线膨胀系数低、耐化学腐蚀好、加工特性好、摩擦系数小等优点。用PBT材料做光缆套管,使光缆束管单元具有良好的耐侧压和温度

特性。在耐水解要求比较高的地方,为保证光缆的寿命,必须使用抗水解的 PBT 材料。

光缆的关键工艺主要是控制余长及控制"氢损"影响两个方面。光缆二次套塑工艺中最关键的是余长控制,余长的大小与束管的中心距及综合节距有关,束管中的光缆要比束管的长度稍长一些。不同的光缆结构,光缆在束管中的余长也不一样。优质的光缆在其制造工艺和控制测量方面有独特手段,以确保其二次套塑的余长值和余长均匀性得到很好控制。当光缆处在极高的氢分子环境中或者光缆材料在光缆制造、存放和运行过程中会不断析出氢气,这些氢分子逐渐由光缆外围向光缆芯区扩散,容易出现氢损。氢损将导致光缆损耗增加,严重者会加速光缆的静态疲劳,最终使光缆断裂,缩短光缆的使用寿命。低温的光缆油膏,会引起低温附加损耗的增加,析氢量高,会导致光缆损耗随时间推移而逐渐增加"氢损"。优质的光缆厂家在选用材料及工艺上能很好控制"氢损",并能在光缆出厂前测出光缆光谱损耗特性,即可预测光缆衰减随时间变化的特性,确保光缆的长寿命。

为了便于施工,厂家应采用光缆"纵向排列"方法生产,并在生产中建立相应的工艺文件,在文件绕盘上标明序号,以方便施工中按顺序编号敷设。熔接时最大限度地保持光缆模场直径的一致性,可大大降低熔接损耗。

综上所述,选购光缆要比同轴电缆复杂得多,不能简单地以几芯价格多少来比较,而应根据光缆的结构形式、原材料选用、生产工艺及技术指标来综合考虑。

光缆连接和安装必须使用专用的设备。同时,安装过程中需格外谨慎,每条光缆的两端都要经过磨光、电烧烤等工艺过程才能确保正常使用,而且这种工艺设备的价格也很昂贵,因而,光缆的安装工作目前应由一些较大规模的网络公司负责。

2.2 无线通信介质

无线局域网(Wireless Local-Area Network,WLAN)逐渐在现代化办公空间中流行开来。通俗地说,无线局域网就是在不采用传统电缆线的同时,提供传统有线局域网的所有功能,网络所需的基础设施不需要再埋在地下或隐藏在墙里,网络却能够随着个人的实际需要移动或变化。

为什么本书要介绍无线技术呢?原因就在于,今天的网络已经不再是只包括一门技术或一个布线规划,今天的网络被认为是异种网络。就是说,它们是由许多不同的技术和布线系统组成的,而且来自于不同制造者。无线技术正是解决异种布线系统中需要某种特殊网线的一种途径,无线网络能够在传统有线网络不能传输数据的地方传输数据。在计算机局域网中,无线接入技术是继光缆后迅速崛起的一项新技术,具有广阔的发展和应用前景。

无线局域网技术具有传统局域网无法比拟的灵活性。无线局域网的通信范围不受环境条件的限制,网络的传输范围大大拓宽,最大传输范围可达到几十千米。在有线局域网中,两个站点的距离在使用铜缆时被限制在100 m 以内,即使采用单模光缆也只能达到3 000 m,而无线局域网中两个站点间的距离目前可达到 50 km,相距数千米的建筑物中的网络可以集成为同一个局域网。

此外,无线局域网的抗干扰性强,网络保密性好。对于有线局域网中的诸多安全问题,在无线局域网中基本上可以避免。而且相对于有线网络,无线局域网的组建、配置和维护较为容易,一般计算机工作人员都可以胜任网络的管理工作。

无线局域网的基础还是传统的有线局域网,是有线局域网的扩展和替换。它只是在有线局域网的基础上通过无线 Hub、无线访问节点(AP)、无线网桥、无线网卡等设备使无线通信得以实现。与有线网络一样,无线局域网同样也需要传输介质,只是无线局域网采用的传输媒体不是双绞线或者光缆,而是红外线(IR)、无线电波(RF)、微波等数据信号载体。

2.2.1 红外线(IR)系统

红外线局域网采用波长小于 1 μm 的红外线作为传输媒体,它的波长比可见光略短,但是携带的能量较大。红外传输是无线网络中一种十分常用的方法。

1. 红外线传输是如何实现的

红外线传输是非常简单的。除了没有承载信号的网线以外,所有的红外传输工作都与局域网传输很相似。红外传输是在空气中传输数据而不是在一根铜导线或光缆中。这些传输工作是由调制过的红外线完成的,就是将局域网数据编码以便于红外线传输。

常用激光二极管来产生红外线。激光二极管是一个很小的,可以产生单一波长或频率的光或射线的电子设备。在用于红外传输时,激光二极管产生红外线。与普通的激光发射装置相比,激光二极管的结构要简单得多,小得多,而且功率低得多,因此信号只能传输较短的距离(通常少于 150 m)。

所有通过红外线来进行通信的设备都需要一个红外发生器及一个红外接收器。红外发生器是产生红外信号的部件,接收器通常采用光电二极管。光电二极管是指一种对某一特定波长的光或射线敏感并且能将红外信号转化为计算机可以识别的数字信号的设备。

有时,红外发射器和接收器可集合到单个的设备上,称为红外收发器。红外收发器是能同时发射和接收红外信号的一种元件,主要使用在短距离的红外通信中。对于那些必须进行较长距离通信的应用(例如广域网红外通信,必须传输几千米的距离),就要使用安装在同一底座上但是彼此分离的发射器和接收器了。发射器通常使用大功率的红外激光发射器。为保证通信的准确顺利,必须使发射器的激光与对应的接收器保持成一直线。

红外传输方式通常有两种:点对点和广播。每一种都有它自己的要素。

(1) 点对点

红外传输最常用的形式是点对点传输。点对点红外传输是指使用高度聚焦的红外光束发送信息或控制远距离信息的红外传输方式(也就是说,从一点直接到另一点)。对电视机的红外遥控就是点对点红外传输的一个例子。

局域网和广域网都可以使用点对点的传输方式在短距离和远距离上传输数据。点对点红外传输使用在局域网中,用来将距离较近的建筑物连接起来。

使用点对点红外介质可以减少衰减,使偷听更加困难。典型的点对点红外计算机设备看上去很像为消费者生产的具有远程控制的设备,只是功率要大得多。注意应保证发射器和接收器处于同一直线。图 2-1 所示为点对点红外通信网络的结构框图。注意两栋建筑物之间是通过一条笔直的红外传输线路连接的,而且建筑间的距离约为 300 m。

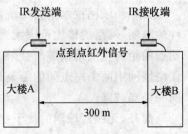

图 2-1 点对点红外应用

点对点红外系统有以下一些参数:

① 频率范围。红外光通常使用光谱中频率最低的部分。

② 费用。主要取决于使用的设备的种类。远距离系统，通常使用高功率激光发射器，可能会非常昂贵；而为普通消费者市场大规模生产的并适于网络使用的设备通常比较便宜。

③ 安装。点对点红外系统需要精确地对齐成一直线。在使用高功率激光时一定要特别小心，因为它会伤害或是烧伤眼睛。

④ 容量。数据级别在 100 kbps～16 Mbps 之间变化(在 1 km 距离内)。

⑤ 衰减。衰减的总量由发射光的强度和纯净程度决定，也和周围的气候条件及信号障碍有关。

⑥ EMI(电磁干扰)。红外传输会被强光干扰，高度聚焦的光束几乎不可能被偷听，因为破坏信号产生的现象通常是很明显的，而且，可以拾取信号的区域是非常有限的。

(2) 广 播

红外广播系统向一个广大的区域传送信号，并且允许多个接收器同时接收信号。其主要优点是可移动性好。相比点对点红外传输，计算机工作站和其他设备移动起来更方便。

因为红外广播系统的信号(也被称为散红外)不能像点对点系统那样聚焦，所以这种系统不能提供同样的通过量。红外广播的速度一般被限制在 1 Mbps 以下，因此对大多数网络应用来说过于缓慢了。

红外广播系统有如下的参数：

① 频率范围。红外光通常使用光谱中频率最低的部分，即在 100 GHz～1 000 THz 之间。

② 费用。红外设备的价格主要取决于所要求的光强。用于红外系统的一般设备比较便宜，只有高功率激光发射器可能会非常昂贵。

③ 安装。安装非常简单。只要设备有通畅的信道和足够强度的信号，就可以放置在信号能达到的任何地方，使重新构架网络非常容易。唯一值得担心的是会干扰红外传输的强光源。

④ 容量。虽然数据级别在 1 Mbps 以下，但是理论上可以达到更高的通过流量。

⑤ 衰减。红外广播和点对点形式一样，衰减的总量由发射光的强度和纯净程度决定，也和周围的大气条件有关。因为设备可以很方便地移动，所以信号通路上的障碍不是一个十分重要的问题。

⑥ EMI。强光会冲淡红外传输信号。因为红外广播传输要覆盖一个较大的区域，所以很容易被窃听。

2. 红外线传输的优点

作为局域网的一种传输介质，红外传输是一个非常好的选择，具有许多优点，因而成为很多局域网/广域网应用的合理选择。这些优点包括如下几个方面：

(1) 相对比较便宜

红外设备(特别是短距离的广播设备)与其他无线通信设备例如微波或是无线电相比要便宜一些。因为它的成本低，很多膝上型计算机和笔记本电脑设备上都装有红外收发器，使这些设备可以互相连接并且传输文件。而且，作为一种广域网传输手段，只需要进行一次投资，因为它不需要线路维护费用。

(2) 高带宽

点对点红外传输支持非常高的带宽(约 1.54 Mbps)。因为其高速和高效，所以常被用于广域网连接。

(3) 安装简单

大多数红外设备的安装都非常简单。将收发器连接到网络(或主机)上,将其对准想要与之通信的设备。红外广播设备甚至不需要对准它们的主机。但远距离红外设备也许需要对得更准一些,道理是一样的。

(4) 点对点连接的高可靠性

因为点对点红外连接是可见的,而且任何截取点对点红外连接信号的企图都会导致信号的阻断,所以点对点的红外连接是非常安全的。信号不会在发送者不知情的情况下被截取。

(5) 轻　便

短距离的红外收发器和相关设备通常都比较小而且功耗低。因此,这些设备对要求轻便、灵活的网络来说是最佳选择。红外广播系统通常使用在物品格局会经常变动的办公室中。但这并不意味着计算机在连接时可以随意移动。红外传输需要保持设备之间通路无障碍。如果有人正好走到设备的前面,阻断了正在通信的两台设备间的光路,连接就会被打断。

3. 红外线传输的缺点

就像其他所有的网络技术一样,红外传输也有它的缺点。包括如下一些方面:

(1) 聚焦传输需要通路无障碍(line-of-sight)

红外传输是一种视线传输。就是说,在发送端和接收端之间必须有一条无障碍的通路存在(换句话说,可以从源头看到目的地,中间没有障碍物)。红外传输与传统的光传输很相似,信号在没有帮助的情况下无法拐弯,也不可能穿过墙壁传输。有些信号是可以在物体表面反射的,但是每次反射都会从整个信号强度中消耗一些能量(通常每次反射消耗有效强度的一半)。

(2) 因为天气因素而衰减

因为红外传输是在空气中传输信号,空气的任何变化都会使信号在通过一段距离后发生衰减。湿度、温度以及周围的环境光都会在低功耗的红外传输中对信号强度的保持产生负面影响。在室外,对于大功率的红外传输来说,雾、雨、雪都会降低红外传输的效果。

4. 红外线传输的例子

前面提到过,转换电视机的频道就是使用红外传输的方法来实现的。在个人计算机领域,红外传输还有一些其他的应用。下面简单介绍一下红外技术的两个例子:IrDA 端口和红外激光装置。

(1) IrDA 端口

IrDA 端口是便携式计算机和掌上电脑背面的暗黑色的小窗,以支持两个设备通过红外线进行通信。IrDA 实际上是提出短距离红外通信标准方法的团体——红外数据协会的缩写。使用 IrDA 端口,可以使便携式计算机或个人数字助理(PDA)与台式机交换数据或不需要电缆连接就直接使用打印机。

(2) 红外激光装置

通过红外传输实现远距离通信是可能的,但是这需要使用特殊级别的装置——红外激光装置。该装置包括一台激光发生器,以产生波长在 750～2500 nm 之间的激光;还包括一台红外信号接收机。这些装置主要用于连接一所大学内的几栋建筑或是同一城市中的不同场所。

2.2.2　无线电系统

无线电频率(RF)传输系统是指使用无线电波传送数据的网络传输方式。采用无线电波作为无线局域网的传输介质是目前应用最多的,这主要是因为无线电波的覆盖范围较广,应用较广泛。

1. RF 系统是如何工作的

电磁波谱中频率在 10 kHz～1 GHz 之间的一段称为无线电频率。RF 系统就是使用这一频段的无线电波来传输数据的。

大多数无线电频率是有规则规定的,但也有些是例外。要使用规定的频率,就必须得到当地管理组织发出的许可证。申请许可证会花费很多的时间和金钱,也会使将来移动设备更加麻烦。但是得到许可证,可以保证在特定的区域内拥有不受干扰的无线电传输。

不受规则管理的频率的优点是对它们几乎没有任何约束限制。但是,还是有一个规定限制了不受规则管理的频率的使用:不受规则管理的频率设备的功率不能大于 1 W。这一规定限制了设备可以产生影响力的范围,因此限制了不同信号间的相互干扰。在网络应用中,这使得无规则管理的无线电通信带宽的使用受到了限制。

无线电波的发送既可以是全方位的,也可以是有方向的。不同种类的天线可以被用来发送无线电波。常用的天线包括如下几种:

➢ 全方向天线塔。
➢ 半波偶极子。
➢ 任意长线天线。
➢ 定向天线(八木天线)。

RF 信号的功率取决于天线和收发器。不同的级别有不同的参数,决定了其在计算机网络中的应用。对计算机网络应用来说,无线电波可以被分为三类:

(1) 低功率单频率无线电传输

单频率收发器只工作在一个频率上。典型的低功率设备的使用距离被限制在 20～30 m。虽然低频率无线电波可以穿透一些材料,但是低功率限制了它们只能工作在较小的、开放的环境中。

(2) 高功率单频率无线电传输

高功率单频率无线电传输与低功率单频率无线电传输很相似,但是可以覆盖更大的范围,可以在远距离的室外环境中使用。传输可以是通路无障碍的,也可以通过在地球表面反射,一直延伸到地平线以外。高功率单频率无线电传输对移动通信来说是非常理想的,可以为陆基或海基的交通工具甚至飞机提供通信服务。其传输速率与低功率无线电传输速率差不多,只是传输距离更远。

(3) 扩频传输

扩频传输与其他的无线电频率传输方式使用相同的频率,但是它是同时使用几个频率而不是一个。扩频通信有两种方式:直接频率调制和跳频。

直接频率调制是最常用的调制方法。它把原始数据分割成小段,每段用不同的频率传输。为了防止被偷听,有时还会发送欺骗性的假信号。传输的信号被预先设置好的接收器接收,它知道哪个频率的信号是正确的。然后,接收器会把收集到的信号片段整合到一起,并去除欺骗性信号。这种信号是可以被截获的,但是要想找到正确的频率,收集所有的信号片段,弄清哪些片段是有用的数据并且将正确的信息提取出来则是非常困难的。这使得偷听这种信号十分困难。

现在,90 MHz 的直接序列系统支持 2～6 Mbps 的传输速率。更高的频率提供了使用更快的数据传输速率的可能性。

跳频技术是在几个预先设置好的频率间进行快速的切换。为了使这种系统正常工作,发射器和接收器之间必须保持良好的同步性。同时在几个频率上发送数据可以使通信带宽增加。

2. RF 的优点

RF 的优点,使 RF 系统在局域网中得到了广泛使用。这些优点包括如下几方面:

(1) 不需要通路无障碍

无线电波能够穿透墙壁和其他固体障碍物,所以不需要在发送端和接收端之间实现通路无障碍。

(2) 较低的费用

无线电发射器从 20 世纪初就已经开始广泛使用了。经过 100 多年的发展,已经使制造高质量的无线电发射器变得非常便宜了。

(3) 可移动性

有些 RF 局域网系统允许带有无线 PC 卡 NIC 的膝上计算机在房间中可移动地使用,但要保持与主局域网的连接。

3. RF 的缺点

和其他种类的无线网络一样,RF 网络也不是没有缺点的。这些缺点包括:

(1) 容易发生信号拥堵和被偷听

因为 RF 信号是向所有方向传播的,所以很容易被人截获,并且不经发送者和接收者的同意就解读局域网中的信息。那些使用扩频编码的 RF 系统受这些问题的影响小得多。

(2) 容易受到其他 RF 信号的干扰

所有带有电动机的机械装置都会产生杂散的 RF 信号,装置越大,产生的 RF 信号也越强。这些杂散的 RF 信号会对正常工作的 RF 传输局域网产生干扰。发生这种情况的时候,这些杂散的 RF 信号被称为 RF 噪声。

(3) 使用距离受到限制

RF 系统不具备卫星网络那么大的使用距离(虽然它比红外网络能传输更远的距离)。因为在使用距离上的局限性,RF 系统通常使用在短距离的网络应用中(例如连接一台 PC 机和一个集线器)。

4. RF 系统的例子

RF 网络中最普遍的一个例子就是特设 RF 网。当两个或者更多带有 RF 收发器并支持特设 RF 网的设备放在一定范围以内时可以建立 RF 网。RF 网的两个设备都向对方发出无线电波并在它们可以通信的范围以内辨认出另一个 RF 设备。这种特设 RF 网允许使用膝上计算机或其他手提设备的人们在飞机上建立自己的小型网络并传递数据。

RF 网络的另一个例子是多点 RF 网络。这种 RF 网络有许多台工作站,每个都带有 RF 接收器和发射器,通过它们与一台称作无线桥的中央设备进行通信。无线桥(也称为 RF 系统的 RF 节点)是一台既能通过以太网或令牌环网提供与主局域网的透明连接,又能使用无线方法(例如红外、RF 或微波)与单独的设备建立连接的设备。这种网络主要使用在两种应用中:办公室的小隔间办公和大城市的地区国际互联网节点。每种应用都需要在某些中心点上安装无线桥,并要求通过节点上网的工作站在无线桥设备的工作范围内。

2.2.3 微波通信

微波通信使用功率极大的聚焦能量束在很远的距离上实现信息的传输。

1. 微波通信是如何实现的

微波通信使用电磁波谱 GHz 频率段的低频段(俗称低 GHz 的频段)。该频段比无线电使用的频率要高,相对于其他种类的无线通信手段,提供了更大的数据流量和更优秀的性能。有两种微波数据通信系统:陆地系统和卫星系统。

(1) 陆地微波系统

陆地微波系统通常使用有方向的抛物面天线在低 GHz 的频率范围内发送和接收信号。信号是高度聚焦的,而且物理路径上必须是通路无障碍的。使用转播塔来扩大信号的传播范围。陆地微波系统通常在布设普通网线的费用过高时被采用。

(2) 卫星微波系统

卫星微波系统在方向性的抛物面天线间传送信号。像陆地微波系统一样,也使用低 GHz 频段,而且必须是通路无障碍的。卫星微波系统的主要不同之处在于天线是安装在离地面 50 000 km 的地球同步轨道卫星上的。正因为如此,卫星微波系统可以抵达地球上最偏远的地方,可以与移动通信设备通信。

局域网通过网线介质给天线(也称为卫星碟)发送一个信号,天线再将信号发送给轨道上的卫星。然后,轨道上的卫星将信号发送到地面上的另一个位置,或者,如果目的地是在地球的另一侧的话,就发送给另一颗卫星,再发送到地面上。因为信号必须传输 50 000 km 到达卫星,再传输 50 000 km 回到地面,所以卫星微波通信要花费时间去跨越这段不小的距离。这就导致了在发送的卫星微波信号与接收到的信号间出现一个延迟,这些延迟被称为传播延迟。传播延迟的范围在 0.5~5 s 之间。

2. 微波通信的优点

微波通信在局域网通信中只有有限应用。但是,由于它的大功率的特点,它在广域网应用中具有许多优点。其中一些优点如下:

(1) 很高的带宽

因为传输系统的高功率,在所有的无线传输技术中,微波系统具有最大的带宽。可以 100 Mbps 甚至更高的速率传输。

(2) 极远的传输距离

微波系统的大功率使微波传输可以跨越极远的距离。

(3) 信号既可以点对点传输也可以进行广播

像其他种类的无线传输方式一样,信号可以紧密地聚焦以进行点对点的传输,也可以被散播开来,通过广播通信的方式传播到多个位置。这就为其应用提供了最大的灵活性。

3. 微波通信的缺点

微波通信不是大多数使用者的最佳选择,因为它有许多缺点。特别是,有一些缺点使微波通信只能被很少一部分人使用。这些缺点包括:

(1) 设备昂贵

微波的传输和接收设备在这一章讨论过的所有种类的无线传输设备中是最昂贵的。

（2）需要通路无障碍

为了建立微波通信,在发射器和接收器之间必须是通路无障碍的。也就是说,信号不能在任何东西上反射前进。

（3）空气衰减

像其他无线传输技术一样（比如红外激光）,空气条件（如雾、雨、雪）都会对微波通信产生不利影响。

（4）传输延迟

这主要是卫星微波传输的缺点。当通过卫星在两个地面之间作通信中转时,从第一个地面站发送到卫星再发送给第二个地面站要花费将近 1 s 的时间。

（5）安全性

因为微波波束功率很高,它会对在发射端和接收端之间通过的任何人和动物造成危险。

2.3 综合布线系统所选用的介质

2.3.1 铜缆的当前状况

目前安装的大多数网络布线是非屏蔽双绞线,其遵循的标准一般都是 TIA/EIA 和 ISO 公布的"超五类"标准。这些性能标准满足了目前尚处在初期阶段的超高速网络应用的需要,如 T 兆位以太网和速率高于 1.2 Gbps 的 ATM 系统。这些应用的设计目标是以千兆位以上的速率把信息送到桌面,与大多数用户正在使用的普通共享式 10BASE-T 以太网系统相比,前者的速率大约是后者的 100~1 000 倍。想象一下,如果速率达到千兆位每秒,则可以通过网络在 16 s 内下载 PC 中整整 2 000 MB 的硬盘文件。因此铜缆在传送"急件"时也并非一无是处,也不会因为带宽限制而被淘汰。

目前,标明通过非屏蔽双绞线运行的速率最高的工作站应用是 2.4 Gbps 的 ATM。这种应用通过超五类布线实现。它采用某种完善的编码技术,信号通过电缆中所有 4 对线分别传输,可以在低于 100 MHz 的运行频率中获得 2.4 Gbps 的速率。预计六类布线频率极限为 200 MHz,以 200 MHz 运行的未来编码系统实现的速率将更高。所以数据速率并不是我们何时转向光缆的决定因素。

那么非屏蔽双绞线的距离限制是不是决定因素呢？目前,大多数办公室中要求的布线长度一般都低于铜缆的 100 m 距离限制,很少看到办公环境中要求的电缆距离超过 100 m。但是,随着计算机网络用于更加工业化的环境中,如仓库、工厂和石化处理厂,距离限制将成为一个重要问题。

目前,在大多数办公室中没有 EMI/RFI 问题,工业间谍威胁微乎其微,也没有使用任何敏感的设备。因此,铜缆放射或接收辐射的问题对大多数办公室影响不大。当然,人们希望能够解决这一问题,但也仅仅是希望而已。

从本质上看,光缆在各个方面都要优于非屏蔽双绞线,但这些优势对办公网络的日常问题不是非常关键,其结果是,大多数机构都很难接受两者之间巨大的成本差异。

2.3.2 铜缆和光缆的成本比较

我们以一个包括 100 台工作站的典型办公楼层为例,对安装一个 4 线对非屏蔽双绞线信道与安装一个多模光缆信道的成本进行比较。非屏蔽双绞线信道符合超五类布线标准,由线缆、接线板、工作站插座和信道两端的接插线构成。光缆信道由 FDDI 级多模光缆、接线板、工作站插座和两端的接插线构成。

1. 非屏蔽双绞线结构的成本

需安装下列设备:

① 从网络布线室到 100 个用户终端站的 100 条超五类非屏蔽双绞线数据电缆。

② RJ-45 超五类接线板,把非屏蔽双绞线电缆端接到通信支架上。

③ 水平电缆管理面板和垂直侧环。在通信支架中帮助支撑集线器和接线板之间的所有 RJ-45 接插线。

④ 使用超五类单通道表面安装块端接每个插座。

⑤ 包有乙烯绝缘体的电缆标签,贴在电缆两端;而机器打印的乙烯插座标签,贴在每个插座面板上。

⑥ 2 m 长的接插线。

⑦ 3 m 长的跨接线。

⑧ 电缆托架和吊线支撑系统。为所有非屏蔽双绞线电缆提供支撑。

⑨ 记录本。记录新机柜中的所有接插状况,并通过所有已安装插座的自动 CAD 功能,打印出已建的楼层规划图。

原材料成本约 40 000 元,劳动力成本约 10 000 元,总计约 50 000 元。

2. 光缆到桌面(OFTD)结构的成本

需安装下列设备:

① 从通信局域网络布线室到 100 个用户终端站的 100 条 2 芯多模光缆。

② 多模 SC 光缆接线板。把电缆端接到通信支架上。

③ 水平电缆管理面板和垂直侧环。帮助支撑所有双工接插线。

④ 使用配有一个双工耦合器的光缆墙板端接每台桌面电脑。

⑤ 包有乙烯绝缘体的电缆标签,贴在电缆两端;而机器打印的乙烯插座标签,贴在每个插座面板上。

⑥ 2 m 长的双工光缆 SC 接插线。

⑦ 双工光缆用户/桌面 SC 跨接线。

⑧ 电缆托架和吊线支撑系统,为所有光缆提供支撑。

⑨ 记录本。记录新机柜中的所有接插情况,并通过所有已安装插座的自动 CAD 功能,打印出已建的楼层规划图。

原材料成本约 160 000 元,劳动力成本约 32 000 元,总计约 192 000 元。

很明显,光缆到桌面(OFTD)的成本要远远高于非屏蔽双绞线成本。确切地说,前者的成本是后者的三倍多,而这仅仅是网络中无源部件的成本。如果加上有源设备的成本,如集线器和网络接口卡(NIC),则成本差异会进一步加大。

2.3.3 铜缆、光缆、无线并用

过去在连接工作站的水平信道中,一般都考虑采用"铜缆"或"光缆"作为选择的传输介质,并把二者完全对立起来。让我们跳出必须在水平信道中安装光缆系统或铜缆系统的思维定

势,在水平信道中同时安装铜缆和光缆系统。通过同时安装铜缆和光缆,用户可以用更低的成本,获得更好的系统,从而实现了创新。对处在最远位置的少数工作站或装置,其距离可能超过 100 m 的极限,那么安装商会直接为这些装置安装光缆信道,而不是单独建立一个配线间。光缆布线的造价可能比较高,但由于不必再安装一个配线间和有源硬件,因此可以节约大量的成本。

变通方案并不仅限于光缆,无线设备也是一种值得考虑的介质,因为它具有许多优于铜缆和光缆的优势,如在历史遗留下来的古典建筑物或不断移动的设备中,或在仓库中。每种介质在网络中都有相应的用途,为了提供性能价格比最高的布线设施,必须进行通盘考虑。

从经验做法来看,铜缆是办公环境首选的介质,因为它的购买成本、安装成本和维护成本都最低。而在出现距离问题时,应考虑采用光缆;在出现接入问题时,则应考虑采用无线设备。

再看一下在主干中同时采用铜缆和光缆的情况。目前,某些承包商先在主干中安装多模光缆,为了满足未来的带宽要求,再安装一对单模光缆,并把单模光缆隐藏起来或者没有端接。将来某一天需要更高带宽时,可以使用这些单模光缆。一次性增加的成本可以说微乎其微,但其带来的长期优势却非常明显。

2.3.4 布线业内发展趋势

六类规范是非屏蔽双绞线的热门话题。TIA/EIA 和 1SO 标准组织正在合作开发六类布线的性能和测试标准,但正式批准的规范还有很长的路要走。

另一方面,光缆布线的成本正在明显下降。多模光缆和单模光缆都具有很高的性能水平。现在许多建筑物中都正在安装复合电缆,即同时采用多模光缆和单模光缆。这代表着一种新的发展趋势,而不同于以往的从多模到单模的传统发展态势。

光电装置的成本太高,一直是采用单模光缆的障碍,特别是激光发射器。但是,业内的一些开发工作正使光电装置的价格明显下降。首先是规模经济,由于激光的使用量不断上升,因此其成本不断下降。目前,激光最常见的用途是用于光驱,包括电脑和音频设备。其次,新型芯片组的开发明显降低了制造成本,如惠普公司已经发布一种 VCSEI(垂直空腔表面发射激光)芯片,这种 IC 芯片直接集成了激光发射器,与传统的光电装置成本有着明显的差异。

同时采用非屏蔽双绞线和光缆可以实现更高的性能,但也存在许多问题,如延迟偏差加大、外部近端串扰(NEXT)、非屏蔽双绞线电缆导线直径提高等。

2.3.5 未来的光缆信道

据业内预计,将来某一天人们将从非屏蔽双绞线转向光缆,但将来我们看到的光缆信道与目前的 OFTD 并不相同。

未来的光缆信道将是采用单模单芯光缆的双向信道。市场上已经开始出现专用光缆接口,可以同时收发不同波长的光信号。发射器通过一个单向反射器发出光信号,反射器实际是一片硅,在它上面蚀刻了超精细的具体波长线。信号通过反射器沿光缆传送,遇到另一个反射器后反射回来,传送到检测器。同时,发射器发出的另一个信号可以发送到另一端的检测器上。一条光缆连到每个工作站上;而另一条光缆连到每台桌面上。这样,一条单模单芯光缆就可以按两个方向同时传输信号。

单模单芯光缆信道使连接器和接线板的成本各降低了一半(以每个办公室一个连接器为例)。因为可以用单工接插线替代双工接插线,接插线的成本也降低了一半,电缆成本和墙板成本也下降了。这种模型提供了一种成本低于当前五类非屏蔽双绞线的备选方案,这种方案在成本上不可行的唯一限制因素是有源设备。目前其真正推动因素是,网络集线器制造商将能够在接插卡前端容纳两倍数量的信道。有的厂商称他们可以在一张卡上容纳最多100条信道,但互联空间的限制使其不能实现这种方法。把单芯光缆模型与新的紧凑型光缆连接器相结合,可以逐渐解决空间问题。

目前,多模光缆仅占整个光缆业的1%。因此通信运营商不会采用多模光缆,有线电视公司也不会采用多模光缆,他们采用的都是单模光缆。唯一采用多模光缆的行业是数据业。据新规范提供的标准,多模光缆的最远布线距离是300 m,而不是以前所称的2 000 m。把距离限制在300 m的目的是完全实现协议过渡,但也给多模光缆带来了问题。单模光缆解决了这种两难境地。单模光缆是一种优秀的技术,能够提供高得多的带宽和距离,连接器技术也已经得到了极大的改进,用户现在可以像安装多模连接器一样,简便地安装单模连接器。

单模光缆和多模光缆之间的成本差异很大,但随着连接器价格的下降和端接方法的简化,单模光缆将成为一个更具吸引力的选择。

一般来说,多模光缆传输的额定每千米速率为500 Mbps,在水平布线中每100 m的速率为每5 Gbps。多模光缆是一种长度和带宽成反比的产品,距离越大,数据传输速率越慢。因此,为了在主干上支持传输速率为1.2 Gbps的异步传输模式,最大距离仅为300 m。多模光缆的问题在于:数据速率不断提高,而光缆的规范却没有变化。因此,如果距离太远,建筑群环境中多模主干光缆的传输速率可能不会高于622 Mbps。目前运营商采用单模光缆,使用户的运行速率已经达到160 Gbps。许多实验室正在试验密集波长分路复用(DWDM)技术,这种技术,可以通过光缆仅以0.8 nm的间隔传送不同波长的光。这是一种类似于有线电视系统的宽带系统,许多实验室系统可以同时运行150条信道,每条信道的传输速率为10 Gbps,也就是说,光缆的传输速率可以达到1.5 Tbps(1 Tbps=1 000 Gbps)。在理论上,单模光缆的传输速率可以达到25 Tbps。

2.4 网络连接设备

计算机与计算机或工作站与服务器进行连接时,除了使用连接介质外,还需要一些中介设备。这些中介设备主要有哪些?起什么作用?这是在网络设计和实施中人们所关心的一些问题。

常用的连接设备分为以下几种类型:网络传输介质互联设备、网络物理层互联设备、数据链路层互联设备、网络层互联设备和应用层互联设备。

2.4.1 网络传输介质互联设备

网络线路与用户节点具体衔接时,可能需要以下几种介质:
- T型连接器。
- 收发器。
- 屏蔽或非屏蔽双绞线连接器RJ-45。

> RS-232 接口(DB-25)。
> DB-15 接口。
> VB35 同步接口。
> 调制解调器。
> 网卡。

T 型连接器与 BNC 接插件同是细同轴电缆的连接器,它对网络的可靠性有着至关重要的影响。同轴电缆与 T 型连接器是依赖于 BNC 接插件进行连接的,BNC 接插件有手工安装和工具型安装之分,用户可根据实际情况和线路的可靠性进行选择。

RJ-45 非屏蔽双绞线连接器有 8 根连针,在 10BASE-T 标准中,仅使用 4 根,即第 1 对双绞线使用第 1 针和第 2 针,第 2 对双绞线使用第 3 针和第 6 针(第 3 对和第 4 对作备用)。具体使用时可参照厂家提供的说明书。

DB-25(RS-232)接口是目前微机与线路接口的常用方式。

DB-15 接口用于连接网络接口卡的 AUI 接口,可将信息通过收发器电缆送到收发器,然后进入主干介质。

VB35 同步接口用于连接远程的高速同步接口。

终端匹配器(也称终端适配器)安装在同轴电缆(粗缆或细缆)的两个端点上,其作用是防止电缆无匹配电阻或阻抗不正确。若无匹配电阻或阻抗不正确,则会引起信号波形反射,造成信号传输错误。

下面重点讲解一下调制解调器和网卡。

1. 调制解调器

调制解调器(Modem)完全是为了利用现有的模拟电话线路实现数字数据传输而产生的。这是因为目前电话线路仍是连接千家万户普及率最高的通信网络。但是原先的电话线路都是模拟线路,其信道带宽在 300~3 400 Hz 之间,而数字数据的带宽,可能高达几千赫,若对数字数据不加处理地在模拟线路上传输,则其高频信号都会被抑制而严重失真,接收端根本无法识别。只有利用 Modem 将计算机要发送的数字数据编码为数字信号,以此信号作为调制信号,来调制一定频率的载波(正弦波),变化为一定波特率的模拟信号,才能利用现有的模拟电话线路,进行远程传输,再由远端的 Modem 进行解调,恢复为数字信号,由远程终端接收处理,从而经济地实现远程数据传输。它一般通过 RS-232 接口与计算机相连。

调制解调器按数据传输速率分为低、中、高速三种。低速调制解调器的数据传输率小于 1 200 bps,采用的调制技术是移频键控 FSK,目前已经停产了。中速调制解调器的数据传输速率在 1 200~9 600 bps 之间,采用的调制技术是移相键控 PSK。高速调制解调器的数据传输速率大于 9 600 bps,采用的调制技术是移相键控 PSK 及幅度相位复合调制 AM/PM 等。

调制解调器按传输信号的收发时间可分为异步、同步两种。异步调制解调器的特点是不提供收发双方的同步时钟,传输信号也不提供同步信号,Modem 从计算机接收数字信号,经过调制、耦合、放大,送到电话线路进行传输,由远程的 Modem 解调,交付远程终端接收。同步调制解调器的性能是双方在通信前要完成握手连接,要求提供同步和数据流控制功能,在所传输的数字信号中必须提供同步信号,由 Modem 对发送时钟和接收时钟进行控制,保持双方时钟同步。

调制解调器按制造结构可分为卡式、台式、PCMCIA 式和组合式四种。卡式制成插接板,可直接插入计算机的扩展槽内,其价格较低,使用方便。台式则是最常用的独立 Modem 产品。PCMCIA 式专用于便携式微机。组合式则将多个 Modem 集成在一个机箱内,可提供一个 Modem 池的功能,提供多路连接。

2. 网 卡

网卡(network interface card,NIC),也叫网络适配器,是连接计算机与网络的硬件设备。网卡插在计算机或服务器扩展槽中,通过网络线(例如双绞线、同轴电缆或光缆)与网络交换数据、共享资源。选购网卡需考虑以下几个因素:

① 速度。网卡的速度描述网卡接收和发送数据的快慢,10 Mbps 的网卡价格较低(几十元钱一块),就目前的应用而言能满足普通小型共享式局域网传输数据的要求,考虑性价比的用户可以选择 10 Mbps 的网卡;在传输频带较宽的信号或交换式局域网中,应选用速度较高的 100 Mbps 的网卡。

② 总线类型。常见网卡按总线类型可分为 ISA 网卡、PCI 网卡等。ISA 网卡以 16 位传送数据,标称速度能够达到 10 Mbps。PCI 网卡以 32 位传送数据,速度较快。目前市面上大多是 10 Mbps 和 100 Mbps 的 PCI 网卡。建议不要购买过时的 ISA 网卡,除非用户的计算机没有 PCI 插槽接口。

③ 接口类型。常见网卡接口有 BNC 接口和 RJ-45 接口(类似电话的接口),也有两种接口均有的双口网卡。接口的选择与网络布线形式有关,在小型共享式局域网中,BNC 口网卡通过同轴电缆直接与其他计算机和服务器相连;RJ-45 口网卡通过双绞线连接集线器(HUB),再通过集线器连接其他计算机和服务器。

另外,在选用网卡时,还应查看其程序软盘所带驱动程序支持何种操作系统。若用户对速度要求较高,则考虑选择全双工的网卡;若安装无盘工作站,则需让销售商提供对应网络操作系统上的引导芯片(Boot ROM)。

2.4.2 网络物理层互联设备

1. 中继器

由于信号在网络传输介质中有衰减和噪声,使有用的数据信号变得越来越弱,因此为了保证有用数据的完整性,并在一定范围内传送,要用中继器把所接收到的弱信号分离,并再放大以保持与原数据相同。

中继器是物理层的连接设备,可用不同电缆连接网段来扩展网络长度。由于数字信号在传输过程中,其高次谐波最易衰减而使信号变形,电缆上的阻抗容抗也会使信号幅值和形状变小或失真。因此中继器的作用就是在信号传输一定距离后,进行整形和放大,但不对信号作校验等其他处理,故即使是一个错误的信息包或信号中含有噪声,它都照样整形放大。在 10 Mbps 以太网中可依据 5-4-3-2-1 的中继规则,即:5 是局域网最多可有 5 个网段;4 是全信道上最多可连 4 个中继器;3 是其中 3 个网段可连网站;2 是有两个网段只用来扩长而不连任何网站,其目的是减少竞发网站的个数,而减少发生冲突的几率;1 是由此组成一个共享局域网,总站数小于 1 024,全长小于 500 m 或 2.5 km,视所用电缆而异。

2. 集线器

集线器(Hub)可以说是一种特殊的中继器。作为网络传输介质间的中央节点,它克服了介质单一通道的缺陷。以集线器为中心的优点是:当网络系统中某条线路或某节点出现故障时,不会影响网上其他节点的正常工作。集线器可分为无源(Passive)集线器、有源(Active)集线器和智能(Intelligent)集线器。

无源集线器只负责把多段介质连接在一起,不对信号作任何处理,每一种介质段只允许扩展到最大有效距离的一半。

有源集线器类似于无源集线器,但它具有对传输信号进行再生和放大从而扩展介质长度的功能。

智能集线器除具有有源集线器的功能外,还可将网络的部分功能集成到集线器中,如网络管理、选择网络传输线路等。

集线器技术发展迅速,已出现交换技术(在集线器上增加了线路交换功能)和网络分段方式,提高了传输带宽。随着计算机技术的发展,Hub 又分为切换式、共享式和可堆叠共享式三种。

(1) 切换式 Hub

一个切换式 Hub 重新生成每一个信号并在发送前过滤每一个包,而且只将其发送到目的地址。切换式 Hub 可以使 10 Mbps 和 100 Mbps 的站点用于同一网段中。

(2) 共享式 Hub

共享式 Hub 提供了所有连接点的站点间共享的一个最大频宽。例如,一个连接着几个工作站或服务器的 100 Mbps 共享式 Hub 所提供的最大频宽为 100 Mbps,与它连接的站点共享这个频宽。共享式 Hub 不过滤或重新生成信号,所有与之相连的站点必须以同一速度工作(10 Mbps 或 100 Mbps)。所以共享式 Hub 比切换式 Hub 价格低。

(3) 堆叠共享式 Hub

堆叠共享式 Hub 是共享式 Hub 中的一种,当它们级连在一起时,可看作是网中的一个大 Hub。如,当 6 个 8 口的 Hub 级连在一起时,可以看作是 1 个 48 口的 Hub。

选择 Hub,首先要满足网络覆盖距离、网站数和功能需求,以便设计一个可行的组网方案。同时应选择物美价廉的设备。具体方法如下:

① 如果是建立一个小型实验室网络,作一些数据库或高级语言实验,则可选用 10 Mbps 独立式 Hub。

② 如果是上百个网站而各网站并不繁忙,则可选择堆叠式 Hub,组成一个共享网络。

③ 如果网络中既有低速网站,又有一些需要完成图像处理及多媒体操作的高性能网站,需要配备高性能文件服务器时,则可选择(10/100)Mbps 快速 Hub。

④ 若要组建一个 8 层楼以下每层有 10 个网站的网络,且业务并不繁忙,则可选用带有 BNC 插座和 RJ-45 插座的管理式 Hub,由同轴电缆作为楼层上下的主电缆,各层连接独立 Hub,即可组成一个多层楼的局域网。

⑤ 如果大部分网站都较集中,但需要连到几百米之外的另一个建筑物,则可选择 Intel 公司的 10/100 Mbps 堆叠式 Huh 或 Bay 公司的 100BASE-T Hub,它们都带有 100BASE-FT 介质适配插座,可以选择单模或多模光缆,将网络扩长到 400 多米以外,甚至达到 2 km。在这种情况下,通常就不是一个共享网络,而是一个交换网络了,全网需配备交换机或路由器,要根据环境全盘考虑。

⑥ 若为一个小型企业或公司组建网络:一些部门处理日常业务,一些部门处理保密重要业务,另一部门需完成图像处理、多媒体操作,但都处于同一个建筑物内,则可选用(10/100)

Mbps Hub 和快速交换机组成一个交换网。

⑦ 按不同的网络拓扑结构,可选择不同的用于以太网、令牌环、FDDI、ATM 的 Hub。

⑧ 根据网络操作系统,查看 Hub 是否支持。一般 Hub 都应支持知名的网络操作系统并配有相应的驱动程序。

⑨ 网管系统,如组建中型以上的网络,则必须选择网管系统,最普遍的是支持 SBMP 管理。

⑩ 性能价格权衡。同样性能的 Hub,各厂家价格有一定差异,当然要质量第一,货比三家。但所谓价格,要看每个端口的平均价格,不是绝对价。

2.4.3 数据链路层互联设备

1. 网 桥

网桥(Bridge)是一个局域网与另一个局域网之间建立连接的桥梁。网桥是工作在 OSI 参考模型中的数据链路层,能够对不同介质类型网络的连接进行转换服务。它的作用是扩展网络和通信手段,在各种传输介质中转发数据信号,扩展网络的距离,同时又有选择地将有地址的信号从一个传输介质发送到另一个传输介质,并能有效地限制两个介质系统中无关紧要的通信。所以它能够连接以太网和令牌环网等网络。由于网桥具有这个功能,桥接成为重要的联网技术。

网桥通常有 4 种类型:透明网桥、源路由网桥、源路由透明网桥和转换网桥。

(1) 透明网桥

通常用于以太网中,透明网桥检查输入帧的地址并把它发送到合适的网段中(见图 2-2)。

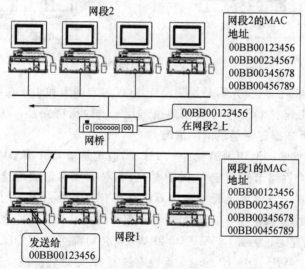

图 2-2 透明网桥

(2) 源路由网桥

源路由网桥通常用于令牌环网中,为 NetBIOS 和 SNA 协议提供了另一种除透明网桥外可选的网桥类型。每个令牌环网段在源路由网桥的端口中都有唯一确定的编号,每个令牌环的帧都有包括这个环编号的地址信息,用于源路由网桥分析并发送到合适的环中(见图 2-3)。

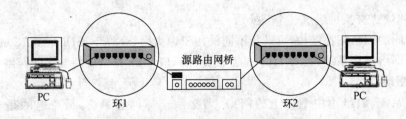

图 2-3 源路由网桥

(3) 源路由透明网桥

源路由透明网桥是对源路由网桥的一个扩展,目的是使非路由协议(例如 NetBIOS 和 SNA 等)能够从源路由网桥中受益,同时能够提高网络性能。

(4) 转换网桥

转换网桥用于连接使用不同类型媒介的网络,如连接以太网和令牌环,连接以太网和 FDDI 等(见图 2-4)。

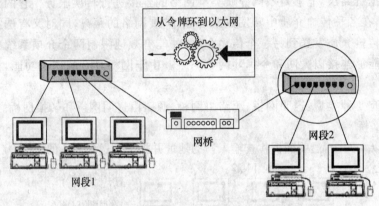

图 2-4 转换网桥

与现代的路由器相比,网桥并不是复杂设备,它仅包含网卡和用于在网卡之间转发包的软件。前面提到,网桥工作在 OSI 参考模型的第二层——数据链路层。为了理解网桥如何工作,下面简单介绍一下数据链路层通信的情况。

网络的节点是如何唯一地识别的呢?一般来说,假定是指 OSI 模型中第三层——IP 层协议,那么当你为某一个网络节点指定一个 IP 地址时,必须要保证此地址在网络中是唯一的。起初,可能会认为这意味着世界上每一台计算机都要有一个独一无二的 IP 地址才能相互通信,但实际上并非如此,原因是有了因特网号码分配管理机构(1ANA)在 RFC1918 中对专用地址空间分配地址的规定。例如,XYZ 公司和 WXY 公司都可以用 192.168.0.0/24 作为公司局域网的 IP 地址。但是,这些 IP 地址如果没有进行 IP 地址转换或经过代理服务器软件和硬件的协助,是无法与因特网通信的。IP 作为协议来说,它仅仅是把计算机分为逻辑组。既然 1P 地址是计算机分组的逻辑表示,那么网络的端点之间是如何通信的呢?答案是:通过 IP 进行。

每块网卡都有一个独一无二的 48 位地址,即 MAC 地址。两个节点要进行通信时,一台计算机必须首先解析目的节点的 MAC 地址。在 IP 层,这是由地址解析协议(ARP)处理的。MAC 地址解析后,开始构造帧并形成一个单播帧(帧中有源地址的目的地址)在网线上传播。

网络上的每块网卡都会检查帧的目的 MAC 地址,以确定此帧是否是发送给自己的。如果目的 MAC 地址与接收系统的 MAC 地址符合,则此帧被传送到网络层,如果不符合,则此帧被抛弃。

在透明网桥的情况下,网桥被动地监听来来往往的帧,并根据帧的源 MAC 地址构建一个网段——地址表。当网桥接到一个发往远方网段的帧时,网桥将此帧转发到正确的网段,这样,所有节点就可以进行无缝的通信。

使用网桥可以解决集线器的共享带宽问题。使用网桥的另外一个好处是,冲突域可以被扩展,也就是说,两个节点不再受到当它们位于同一个网段时的物理距离的限制。逻辑上,所有节点都位于同一个网段上。

网桥为解决联网时遇到的挑战作出了很多贡献,但是,网桥还是有它的缺陷,例如,网桥最多可以实现 7 个物理网段。虽然已经提高了对带宽的利用,但是,我们还可以做得更好——采用交换技术。

2. 交换器

网络交换技术是近几年发展起来的一种结构化的网络解决方案。它是计算机网络发展到高速传输阶段而出现的一种新的网络应用形式。它不是一项新的网络技术,而是利用现有网络技术通过交换设备使性能得以提高。由于交换机市场发展迅速,产品繁多,而且功能上越来越强,所以用企业级、部门级、工作组级、交换机到桌面级来进行分类。

交换机是网桥的下一个发展阶梯。在现代的星形拓扑结构的网络中,已经有了中继器和集线器,如果你还需要网桥的功能,你通常会跑出去买一个交换机回来。其实,替代网桥并非交换机的唯一好处,交换机还能够提供网段微分功能,这意味着连接在交换机上的每一个节点都单独享有带宽。使用带有第三层交换功能的交换机,还可以进一步把网络划分为多个虚拟局域网。

与网桥类似,交换机也工作在 OSI 参考模型的数据链路层上,但是,第三层交换机已经扩展到网络层。交换机采用类似的机制动态地构建 MAC 地址——端口表。网桥利用软件实现包的存储转发,而交换机通过硬件实现存储转发或者实现直通方式,因此后者的性能会高很多。局域网微分是使用交换机的主要好处,多数单位或者已经淘汰集线器或者正在准备这样做,以满足多媒体应用对带宽的需求。

如何选择交换机? 总的观点是从网络应用需求出发,考虑到当前技术发展水平,以合理的成本新建或改造一个高流量、低延时、长寿命的网络系统。

(1) 端口配置

多年来我们已习惯于使用多口 Hub 总线以太网共享 10 Mbps 带宽,现在向 100 Mbps/1 000 Mbps 提升已是大势所趋。所以选择多一些 100 Mbps 的交换端口,就为将来的网络升级留下一点余地。

(2) 交换原理

按原理有三种交换技术:直通、自由分段和存储转发。直通方式交换速度快,但只能在误差率很低无冲击的 FDDI 环境下工作。自由分段方式可以滤掉 64 字节的短包。存储转发方式速度稍慢,但可滤掉一切有错的包,可适用于共享 LAN 内错误很高的环境。有的交换机采用其中一两种交换方式,如 IBM 的 8271 交换机可在直通和存储转发两种方式中进行选择。ACCTON 采用自适应直通方式,可自动选择任一种交换方式,保证交换机在最佳连接下工作。可根据环境选择最适合自己的网络环境的交换机。

(3) 全双工方式

可用几条线进行数据传送,其中一条线作冲突检测,进而可使总流量由 100 Mbps 增加为 200 Mbps,还可使传输距离更远。Bay28000 系列不仅选择模块时可配置为全双工,而 ES3508 也可使每个端口设置为半或全双工方式,这也是选择交换机值得注意的内容。

(4) 流量控制

每个交换端口都有一定容量的高速缓存区。在多网站共享一个交换机端口的共享 LAN 中,争用交换端口的情况经常发生,例如一个站占用了这个端口,长时间传送突发数据,其他站只好等待。所以交换机是否采用了相应技术应仔细考察,因为这是保证高流量和 CPU 低占用率的至关重要的一环。

(5) 交换机的虚拟网支持

知名的交换机都支持 VLAN 技术,如果一个大企业其总部设于中心城市,分公司设于其他城市,而总部与其他分公司之间业务十分频繁,如银行、海关、跨省大公司等,则应通过邮电部门建立虚拟专用网 VPN(Virtual Private Network)。

(6) 尽量利用已有设备及布线以降低成本

当今的快速交换机已为利用原有设备作了充分的技术准备。如果企业中原先已存在几个小型的用同轴电缆连成的总线网,现在要组建升级为企业网,那么原有设备不要轻易放弃。也可以选择具有附加模块的交换机,通过布线室,将已有设备集成到企业网中,直到它们难以适应新的业务需求时再予以更新。

(7) 网络的安全与管理

网络建成运行之后,其运行状态是否正常,是否发生拥塞,对用户来说是透明的。一般用户关心的是反应是否慢了,等待时间是否太长了,但对管理员来说安全管理则至关重要。没有良好的网管系统的交换机是低级的交换机,不能很好地运行网管系统是管理员的失职。

2.4.4 网络层互联设备

路由器(Router)用于连接多个逻辑上分开的网络。逻辑网络是指一个单独的网络或一个子网。当数据从一个子网传输到另一个子网时,可通过路由器来完成。路由器是像交换机和网桥一样转发数据包的设备,但是,路由器能够在网段之间传递 IP 包。交换机是根据节点的 MAC 地址转发数据包,而路由器工作在 OSI 参考模型的第三层,它根据网络的 ID 号转发数据包。因此,路由器具有判断网络地址和选择路径的功能,它能在多网络互联环境中建立灵活的连接,可用完全不同的数据分组和介质访问方法连接各种子网。路由器只接收源站或其他路由器的信息,它不关心各子网使用的硬件设备。它把网关、桥接、交换技术集于一体。其最突出的特性是能将不同协议的网络视为子网而互联,更能跨越 WAN 将远程 LAN 互联成大网。它与桥的根本区别是:它是面向协议的设备,能够识别网络层地址,而桥只能识别链路层地址或称 MAC 地址,桥对网络层地址视而不见。故路由器的功能可概括为识别网络层地址,选择路由,生成和保存路由表,更好地控制拥塞,隔离子网,提供安全,强化管理。路由器分为本地路由器和远程路由器。本地路由器是用来连接网络传输介质的,如光缆、同轴电缆和双绞线;远程路由器用来与远程传输介质连接并要求相应的设备,如电话线要配调制解调器,无线网要通过无线接收机和发射机,也可以作为工作站。

路由器是如何工作的呢？在 IP 协议中，IP 地址有 32 位长，这 32 位既包括网络 ID 也包括主机 ID。利用子网掩码来划分 IP 地址的网络 1D 和主机 1D。

子网掩码是代表网络的从左至右的一串连续的"1"，代表主机的位被一种称作"ANDing"的算法隐藏。

路由选择是 IP 协议的核心组成部分，它可以设定所有网络设备使用 TCP/IP 协议来决定路由选择。一旦决定了具体目标的 IP 地址，IP 协议就对该地址和子网掩码执行 ANDing 算法，同样地，该 IP 地址也对子网掩码进行计算。然后，IP 协议会对两个结果进行比较。如果它们相同，则两个设备存在于同一网段，无需进行路由选择。如果两个结果不同，那么 IP 协议会检查设备的路由选择表，看看有没有明确的指令指出如何到达目的网，然后发送帧到该地址，或发送数据包到默认网关。

路由器是简单的、专门用来从 A 点发送数据包到 B 点的计算机。当一个路由器从网卡上接收到发送数据包的指令后，它先检查目标地址以确定最佳路径。其路由选择表中的信息是做出决定的基础。路由选择表与网络 ID 相联系，它的网卡知道如何到达网络。如果路由器选择了一种方法从 A 点发送数据包到 H 点，它不仅可以到达预定收件人，也可以到达链中的下一个路由器。或者，路由器会告知发件人，它不知道怎样到达目标网。

下面介绍如何选择路由器的方法。

(1) 连接 Internet

Network World 对著名厂商的七种接入路由器进行了测试认为：Bay 公司 Access Node 路由器，具备强大的功能，是被测试的路由器中的佼佼者。其 Optivity 软件已具有良好的管理功能，Optivity 6.1 基于 Windows 的管理风格，具有快速配置功能，能缩短安装配置时间。

Cisco 公司的 1601，不但具备了良好的功能，还推出了 Click start 应用程序用于配置 1601 路由器。还在基于 SNMP 的管理软件中增加了 Cisco Works 版本。1601 提供了第二个 WAN 接口，具有足够的连接 T1 的能力，还提供了优先权划分功能，能更好地控制通过 T1 的流量。虽然当 T1 满负载时，查询反应稍慢，但总体价格合理，因此也受到推荐。

(2) 价格因素和易用性

从管理员的角度出发，在一个中大型互联网中，购买同一公司的各类产品，容易保证性能兼容性，管理上的易用性，也容易得到卖家的维护服务。但不懂业务的采购者往往从不同的公司购买交换机、路由器、Hub 和网卡，这样给管理使用带来很多困难。从这一观点出发，如果预算允许，则不妨考虑从知名公司如 3COM、Cisco、Bay 等公司购买成套产品。从经济因素出发，目前 Accton 公司能以低价位、高性能提供一批成套产品。

(3) 关于压缩算法

任何一种压缩算法，对同一厂家的路由器来说，肯定能提供远程传输的高流量，但如果某一厂家所用的压缩算法是专用的，当通过 Internet 遇到另一厂家使用不同压缩算法的路由器时，就毫无用处了。

2.4.5 应用层互联设备

在一个计算机网络中，当连接不同类型而协议差别又较大的网络时，则要选用网关设备。网关的功能体现在 OSI 模型的最高层，它将协议进行转换，将数据重新分组，以便在两个不同类型的网络系统之间进行通信。由于协议转换是一件复杂的事，一般来说，网关只进行一对一转换，或是少数几种特定应用协议的转换，网关很难实现通用的协议转换。用于网关转换的应用协议有电子邮件、文件传输和远程工作站登录等。

网关和多协议路由器（或特殊用途的通信服务器）组合在一起可以连接多种不同的系统。和网桥一样，网关可以是本地的，也可以是远程的。目前，网关已成为网络上每个用户都能访问大型主机的通用工具。

习　题

1. 在选用双绞线时应注意哪些性能指标？
2. 光纤通信的特点是什么？
3. 选择光纤时应从哪些方面考虑？
4. 无线传输介质的优点有哪些？
5. 网络布线系统所选用的最佳传输介质是哪一种，还是哪几种并用？
6. 概述调制解调器工作原理，其重要性能、用途是什么？
7. 试述交换机的工作原理，它和 Hub 的原则性区别是什么？
8. 选择 Hub 和交换机应注意什么问题？
9. 简述路由器的功能。

第3章 网络综合布线的工程设计

◎ 本章要点

- 综合布线系统设计的一般原则
- 综合布线系统设计的一般步骤
- 各子系统设计规范
- 综合布线设计文件的组成

◎ 学习要求

- 了解综合布线系统设计的一般原则与步骤
- 掌握各子系统的设计规范
- 掌握综合布线设计文件的组成

3.1 综合布线系统设计的一般原则与步骤

3.1.1 综合布线系统设计的一般原则

综合布线系统设计的一般原则有如下5点：

(1) 可行性和适应性

系统要保证技术上的可行性和经济上的可能性。系统建设应充分满足建设单位(甲方)功能上的需求，始终贯彻面向应用、注重实效的方针，坚持实用、经济的原则。当今科技发展迅速，可应用于各类综合布线系统的技术和产品层出不穷，设计、选用的系统和产品应能够使用户或建设单位得到实实在在的收益，满足近期使用和远期发展的需要。这就要求在多种实现途径中，选择最经济可行的技术与方法。以现有成熟的技术和产品为对象进行设计，同时考虑到周边信息、通信环境的现状和发展趋势，并兼顾管理部门的要求，使系统设计方案可行。

(2) 先进性和可靠性

系统设计既要采用先进的概念、技术和方法，又要注意结构、设备、工具的相对成熟。系统结构和性能上都留足余量和升级空间，不但能反映当今的先进水平，而且还具有发展潜力，能保证在未来若干年内占主导地位。在考虑技术先进性的同时，还应从系统结构、技术措施、设备性能、系统管理、厂商技术支持及维修能力等方面着手，确保系统运行的可靠性和稳定性，达到最大的平均无故障时间。在系统故障或事故造成系统瘫痪后，能确保数据的准确性、完整性和一致性，并具备迅速恢复的功能。特别在重要的系统中，应具有高的冗余性，确保系统能够正常运行。

(3) 开放性和标准性

为了满足系统所选用技术和设备的协同运行能力,系统投资长期效应以及系统功能不断扩展的需求,必须满足系统开放性和标准性的要求。系统开放性已成为当今系统发展的一个方向。系统的开放性越强,系统集成商就越能够满足用户对系统的设计要求,更能体现出科学、方便、经济和实用的原则。遵循业界先进标准,标准化是科学技术发展的必然趋势,在可能的条件下,系统中所采用的产品都尽可能标准化、通用化,并执行国际上通用的标准或协议,使其选用的产品具有极强的互换性。

(4) 安全性和保密性

在系统设计中,要考虑信息资源的充分共享,更要注意信息的保护和隔离,因此系统应分别针对不同的应用和不同的网络通信环境,采取不同的措施,包括系统安全机制、数据存取的权限控制等。

(5) 可扩展性和易维护性

为了适应系统变化的要求,必须充分考虑以最简便的方法、最低的投资,实现系统的扩展和维护。

3.1.2 综合布线系统设计的一般步骤

通常设计与实现一个合理的综合布线系统有以下几个步骤。

1. 前期勘察

① 获取建筑物有关资料和设计图。
② 分析用户需求,了解用户在投资方面的承受能力。
③ 对设计地点进行详细的现场勘察。

2. 阶段设计

① 信息点设计。
② 系统结构设计(管道和桥架设计)。
③ 布线路由设计。
④ 绘制布线施工图。
⑤ 编制材料清单。
⑥ 编制概预算文件。

对于上述每个环节应该认真对待,根据具体项目,提出具体的解决办法和应对措施。靠推销某种产品、靠不正当竞争、靠政府干预都会出现工程质量或技术上的一些问题,如达不到用户需要的设计标准,或达到了目前的设计要求,而后期维护或升级困难等。

3.2 各子系统设计规范

综合布线系统工程设计工作,应该在设计师充分了解用户业务需求和施工现场的情况下,选择合适的综合布线设计和验收规范,综合系统性能和投资等各方面因素,合理安排工程进度。

在综合布线系统工程规划和设计前,必须进行用户信息需求的调查和预测。其具体要求是,对通信引出端,又称信息点或信息插座的数量、位置,以及通信业务需要进行调查预测;如果建设单位能够提供工程中所有信息点的翔实资料,且能够作为设计的基本依据时,则可不进行这项工作。

3.2.1　工作区子系统

工作区子系统(Work Area Subsystem)的功能是将用户终端系统连接到信息插座上、一个独立的、需要配置终端的区域可以划分为一个工作区。工作区终端设备可以是电话、计算机、数据终端、仪表、传感器、探测器和监控设备等。如何将这些不同的终端使用同样的数据传输线连入网络,如何为以后可能出现的终端设备预留接入端口,是工作区系统的设计关键。工作区针对办公环境和住宅环境,有着不同的设计方法。下面就看一下其设计步骤和要点。

1. 工作区子系统设计步骤

(1) 统计信息点数量

① 用户需求明确,可根据楼层弱电平面图图纸上请求的信息点位置来统计信息点数量和分布情况。信息点数量和分布情况是系统设计的基础,所以要认真、详细地完成统计工作。

② 如果楼层弱电平面图中没有确定信息位置,或者业务需求不明确,则根据系统设计等级和每层楼的布线面积来估算信息点的数量。对于智能大厦等商务办公环境,一般每 $9\ m^2$ 基本型设计一个信息插座,增强型或综合型设计两个信息插座。对于居民生活小区的家庭用户,根据小区建筑等级,每户一般预留 1~2 个信息插座。工作区信息点位统计表如表 3-1 所列。

表 3-1　工作区信息点位统计表

配线间	位　置	数据信息点	语音信息点	无线信息点	CATV	光纤信息点
小　计						

(2) 确定信息插座的类型

信息插座分为嵌入式安装和表面式安装两种,通常新型建筑要选择嵌入式安装,现有的建筑物采用表面式安装的信息插座。

(3) 统计水晶头和信息模块数量

① RJ-45 水晶头的需求量可参照以下公式来计算,即
$$m = N \times 4 + N \times 4 \times 15\%$$
式中:m ——RJ-45 水晶头的总需求量;

　　　N ——信息点的总量;

　　　$N \times 4 \times 15\%$ ——余量。

② 信息模块的需求量可参照下列公式来计算,即
$$M = N + N \times 3\%$$
式中:M ——信息模块的总需求量;

　　　N ——信息点的总量;

$N\times 3\%$——余量。

工作区材料统计表如表3-2所列。

表3-2 工作区材料统计表

区 域	嵌入式信息模块	表面式模块	单口面板	双口面板
小 计				

(4)确定各信息点的安装位置并编号

应该在建筑平面图上明确标出每个信息点的具体位置并进行编号,以便于日后的施工。信息点的标号原则如下:

➢ 一层数据点是1C××(C=Computer);
➢ 一层语音点是1P××(P=Phone);
➢ 一层数据主干是1CB××(B=Backbone);
➢ 一层语音主干是1PB××(B=Backbone)。

各信息点标号与相对应的配线架卡接位置标号相同,特殊标号另行注明。标签颜色统一使用白底黑字宋体。

2. 商务办公环境

商务办公环境的工作区布线如图3-1所示。

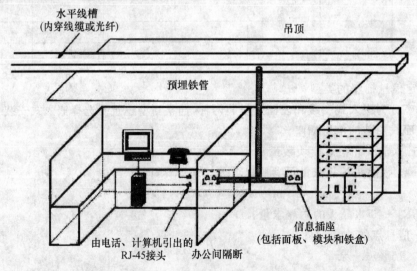

图3-1 工作区布线示意图

① 每个工作区面积一般为 $5\sim 10\ m^2$,线槽的敷设要合理、美观。

② 信息插座有墙上型、地面型和桌上型等多种。一般采用RJ-45墙上型信息模块,设计

在距离地面 300 mm 以上,距电源插座 200 mm 为宜。信息插座的安装如图 3-2 所示。

③ 信息插座应为标准的 RJ-45 型插座,RJ-45 信息插座与计算机设备的距离要保持在 5 m 范围内。多模光缆插座宜采用 SC 或 ST 接插形式,单模光缆宜采用 FC 插座形式。

④ 所有工作区所需的信息模块、信息插座和面板的数量要准确。

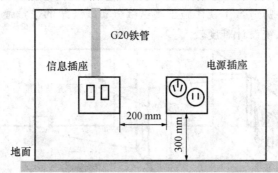

图 3-2 信息插座安装示意图

⑤ 计算机网络接口的卡接口类型要与电缆接口类型保持一致。信息插座模块化的引针与电缆连接按照 T568A 或 T568B 标准布线的接线,如图 3-3 所示。在同一个工程中,只能有一种连接方式。

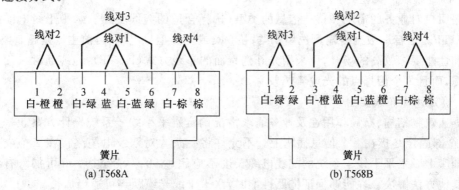

图 3-3 信息插座引针与线对分配

3. 智能小区

智能小区的布线系统涉及用户信息系统(语音、数据)、有线电视系统、小区监控系统、停车场管理系统、背景音乐系统、防火报警系统和防盗报警系统等。建筑物内综合布线应该一次布线到位,提供语音、数据和有线电视服务。

根据 CECS119—2000《城市住宅建筑综合布线系统工程设计规范》,对于用户信息系统仅做到楼层信息点的预留,具体要求如下:

① 每户可引入 1~2 条 5 类 4 对双绞线电缆,同时敷设 1~2 条 75Ω 铜轴电缆及相应的插座。

② 每户宜设置壁龛式配线装置(DD),每一卧室、书房、起居室和餐厅等均应设置 1 个信息插座和 1 个电缆电视插座;主卫生间还应设置用于电话的信息插座。

③ 每个信息插座或电缆电视插座至壁龛式配线装置,各敷设 1 条 5 类 4 对双绞电缆或 1 条 75Ω 同轴电缆。

④ 壁龛式配线装置的箱体应一次到位,满足远期的需要。

3.2.2 水平(配线)干线子系统

水平干线子系统(Horizontal Subsystem)的连接示意如图3-4所示。自房间内各个信息插座通过沿墙柱敷设的金属管槽或明装PVC线槽,经楼内走道吊顶内的金属主干线槽至各楼层配线间,比较简洁、美观,适合于新楼施工。这部分布线缆线的数量最大,建筑物中的其他管线多且复杂,所以此子系统设计难度较大。

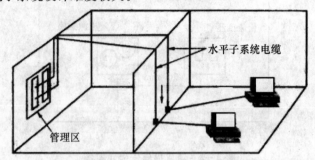

图3-4 水平干线子系统连接示意图

1. 水平(配线)干线子系统的设计步骤

(1) 确定缆线的类型

根据用户对业务的需求和待传信息的类型,选择合适的缆线类型。水平干线电缆推荐采用8芯UTP。语音和数据传输可选用5类、超5类或更高型号电缆,目前主流是超5类UTP。对速率和性能要求较高的场合,可采用光纤到桌面的布线方式(FTTP),光缆通常采用多模或单模光缆,而且每个信息点的光缆4芯较宜。

(2) 确定水平布线路由

根据建筑物结构、布局和用途及业务需求情况确定水平干线子系统设计方案。一条4对UTP应全部固定终接在一个信息插座上。不允许将一条4对双绞电缆终接在2个或2个以上信息插座上。水平干线子系统的配线电缆长度不应超过90 m,超过90 m可加入有源设备或采用其他方法解决。在能够保证链路性能时,水平干线光缆距离可适当加长。

(3) 确定水平缆线数量

根据每层所有工作区的语音和数据信息插座的需求确定每层楼的干线类型和缆线数量,填写水平子系统链路统计表,如表3-3所列。具体可参照GB/T50311《建筑与建筑群综合布线系统设计规范》有关干线配置的规定执行。

表3-3 水平子系统链路统计表

区 域	4对UTP链路/条	链路平均长度/m	UTP箱数/(305m/箱)
小 计			

测量距管理间最远(L)和最近(S)的I/O的距离,则平均电缆长度=$(L+S)\div 2$ 总平均电

缆长度(C) = 平均电缆长度 + 备用部分 + 端接容差,备用部分为平均电缆长度的 10%,端接容差为 6~10 m。则所需电缆的数量可从下式得到(每箱电缆长度 305 m),即

$$F = 305 \div [0.55(L+S)+6]$$
$$B = N \div F$$

式中:F——每箱网线支持的信息点数量;
B——所需电缆总箱数(305m/箱);
N——信息点数量;
L——最远信息插座距管理间的距离;
S——最近信息插座距管理间距离。

【例 3-1】一栋建筑物确定了 125 个信息点,其中距管理间最近的信息点敷设电缆长度 $S = 25$ m,最远的信息点敷设电缆长度 $L = 82$ m,请问本建筑物所需线缆数量为多少?

解:总平均电缆长度为

$$C = [0.55(L+S)+6] = [0.55(25+82)+6] \text{ m} = 64.85 \text{ m}$$

每箱电缆支持信息点数量为

$$F = 305 \div C = 305 \text{ m} \div 64.85 \text{ m} = 4.7$$

所以每箱电缆支持 4 个信息点(向下取整),共需要网线数量 $B = N \div F = 125 \div 4 = 31.25$,大约 32 箱(向上取整)。

(4) 确定水平布线方案

水平干线子系统应采用星形拓扑结构,水平干线子系统是同一类型电缆的呈星形辐射状的转接。水平布线可采用走线槽或天花板吊顶内布线,尽量不走地面线槽,如图 3-5 所示。

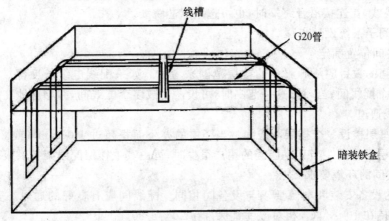

图 3-5 走线槽或天花板吊顶内布线

根据工程施工的体会,对槽和管的截面积大小可采用以下简易公式计算,即

$$S = N \times P \div [70\% \times (40\% \sim 50\%)]$$

式中:S——槽(管)截面积,即要选择的槽管截面积。
N——用户所要安装的线缆条数。
P——线缆截面积,即选用的线缆面积。
70%——布线标准规定允许的空间。
40%~50%——线缆之间的允许间隔。

(5) 确定每个管理间的服务区域

根据已了解到的用户需求和建筑结构上的考虑及楼层平面图,确定每个管理间的服务区域以及每个管理间所服务的工作区信息点数量。

2. 智能小区

智能小区的水平子系统由智能家居多媒体箱到各工作区的信息点的线缆组成。水平线缆路由的选择依据房间所在位置而定。考虑到网络未来的发展,信息系统将出现新的变化。为使家庭和信息系统在较长时间内保持其先进性,建议电话和数据线缆均采用超5类4对UTP线缆,但不要用同一条电缆。电视线路宜采用优质的适合数字电视传输的双层屏蔽同轴电缆。

配线箱接线端口与信息插座之间均为点到点端接,保证今后任何改变系统的操作都不会影响整个系统的运行。所有线缆均由智能家居多媒体箱引出,方便今后三网合一,应灵活选择合适的运营商的通信产品。对于铜缆双绞线,水平配线电缆的长度必须小于90 m,中间不能有接续。尽量选择最短、最近、最佳的线缆路由,并注意其与强电设备有足够的距离。

3.2.3 管理间子系统

管理间由各层分设的配线间构成。配线间是放置连接垂直干线子系统和水平干线子系统的设备的房间。配线间可以每楼层设立,也可以几层共享一个,用来管理一定量的信息模块。配线间主要放置机柜、网络互联设备、楼层配线架和电源等设备。配线间应根据管理的信息点的数量安排使用房间的大小和机柜的大小。如果信息点多,应该考虑用一个房间来放置;如果信息点少,则没有必要单独设立一个配线间,可选用墙上型机柜。

在配线架上跳线,进行合理的交连和互联可以将通信线路重定位在建筑物的不同部位,从而更容易地管理链路和与链路相连的终端设备。配线设备交叉连接的跳线应选用综合布线专用的插接软跳线,在连接语音终端时,也可选用双芯跳线。

1. 管理间子系统设计步骤

(1)配线间位置确定

① 配线间的数目应从所服务的楼层范围来考虑。如果配线电缆长度都在90 m范围以内,宜设置一个配线间;当超出这一范围时,可设两个或多个配线间,并相应地在配线间内或紧邻处设置干线通道。

② 通常每层楼设一个楼层配线间。当楼层的办公面积超过1 000 m²(或200个信息点)时,可增加楼层配线间。当某一层楼的用户很少时,可由其他楼层配线架提供服务。

(2)配线间的环境要求

配线间的设备安装和电源要求与设备间相同。配线间应有良好的通风。安装有源设备时,室温宜保持在10~30℃,相对湿度宜保持在20%~80%。

(3)确定配线间交连场的规模

在数层配线间中,配线间的交连场一般包括蓝场、紫/橙场和白场。根据现行的布线标准,这些交连场端接线路的模块化系数分别为:

➢ 蓝场4对线;

➢ 紫/橙场3对线;

➢ 白场1对线(按每个设备端接点配一对干线计算)。

管理间的配线架上采用统一的色标来区分主干电缆、水平电缆、跳线和设备端接点:

➢ 白场为与主干电缆的端接处;

➢ 蓝场为与水平数据电缆的端接处;

> 橙场为与水平语音电缆的端接处；
> 紫场为与设备电缆和室外电缆的端接处。

① 配线架配线对数可由管理的信息点数决定,管理间的面积不应小于 5 m²。覆盖的信息插座超过 200 个时,应适当增大面积。

② 确定配线间与水平干线子系统端接所需的接线块数(蓝场)。

110 型接线块数量计算方法如下：

110 型接线块每行可端接 25 对线,接线块是 100 对线的每块共有 4 行,300 对线的每块共有 12 行,900 对线的每块共有 36 行;端接线路数(行)＝可接线对数(行)÷水平电缆对数;端接线路数(块)＝行数×端接线路数(行);所需接线块数目＝信息点数量÷端接线路数(块)。

【例 3-2】300 对 110 型接线块,共 12 行,每行可端接 25 对线。如果端接缆线采用 4 对 UTP,1 000 条用户线需要此模块多少个？

解：25 对÷4 对＝6.25,即 110 接线块每行可接 6 条 4 对配线电缆。

12×6 条＝72 条,即共可端接 72 条配线电缆。

所需模块数＝1 000 条÷72 条＝13.9,取 14 块(向上取整)。

③ 确定配线间与网络设备端接所需的接线块数(紫场)。

通常采用 RJ-45 配线架。

如果设置紫场,则根据设备端口数量计算;如果不设置紫场,则通过跳线直接与设备端口相连。

④ 确定配线间与垂直干线子系统端接所需的接线块数(白场)。

干线电缆规模取决于按标准的配置等级。

数据干线采用 RJ-45 或光纤配线架,语音干线采用 110 配线架。

(4) 计算出配线间的全部材料清单,并画出详细的结构图。

以 4 对五类双绞线为例,根据需要的 I/O 数量计算电缆对数,并选择用于端接的 110 型接线块数量。可根据表 3-4 选择合适对数的双绞线电缆,并填写如表 3-5 所列的配线间主要材料统计表。

表 3-4 不同对线 110 型接线块每块容量

110 型接线块	100 对线的每块容量	300 对线的每块容量
4 对线路每行可端接： 4 对×6＝24 对线(剩余 1 对线位不用), 每行接 6 根电缆, 每对线对应一个语音用户	24 对×4＝96 对线, 即 24 根 4 线电缆	24 对×12＝288 对线, 即 72 根 4 对电缆或 96 根 3 对电缆

表 3-5 配线间主要材料统计表

区 域	24 口六类配线架	24 口光纤配线架	100 对 110 配线架
小 计			

计算 300 对跳线架数量的公式如下：

蓝场　　　　　I/O÷72＝300 对跳线架的数量。
紫/橙和灰场　　I/O÷96＝300 对线跳线架的数量。
白场/基本型　　2×I/O÷144＝300 对线跳线架的数量。
增强/综合型　　3×I/O÷96＝300 对线跳线架的数量。

2．智能小区

对于大型智能小区，一般根据用户业务需求，将小区划分成若干交配线区，交配线区的合理划分对于小区建设、小区智能化和园区发展都具有重要意义。管理间即配线间可几层楼合用1个，或者几个独立式或排列式住宅合用1个，但必须符合配线间至每户信息插座的电缆长度或配线间至每户集线器之间的电缆长度不超过 90 m 的规定。墙挂式配线设备应加防尘罩。

一个交接配线区内的住户数量以 500 户以内为宜，因为在 CATV 宽带网上实现双向传输时，系统上行通道上会产生汇聚噪声，即产生漏斗效应，漏斗效应将使系统的信噪比恶化。当一个光节点的用户超过 500 户时，系统信噪比将降低到临界门限以下，从而严重影响信号的传输，这是必须防止的。

一个交接配线区需设置一个交接配线间，该配线间面积以 15～20 m² 为宜。这是由于配线间内需安装网络设备、电话配线设备、CATV 光电转换前端设备以及其他各智能系统的设备及线缆，同时配线间内还经常有管理人员进行维护管理。交接配线间还应具备稳定可靠的市电并且配备 UPS 不间断电源，有一套满足规范要求的接地装置，具备多根弱电电缆方便地进出配线间，配线间应便于与室外的园区弱电干线管道相通，使由交接配线间引出的电缆方便地敷设至配线区内各栋住宅楼。

3.2.4　垂直干线子系统

垂直干线子系统(Vertical Subsystem)负责设备间主配线架和各楼层配线间分配线架的连接，一般采用光缆或大对数非屏蔽双绞线，垂直干线子系统如图 3-6 所示。

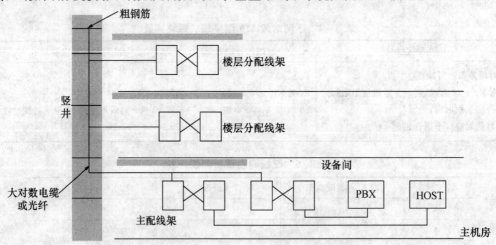

图 3-6　垂直干线子系统示意图

1．垂直干线子系统设计步骤

（1）确定干线子系统规模

根据建筑物结构的面积、高度以及布线距离的限定，确定干线通道的类型和配线间的数目,如确定采用单通道干线或是双通道干线。整座楼的干线子系统的缆线数量,是根据每层楼信息插座密度及其用途来确定的。

(2) 确定楼层配线间至设备间的路径

应选择干线段最短、最安全和最经济的路径。有管道方法和电缆井方法,通常采用电缆竖井法。

① 管道方法

垂直干线电缆放在金属管道中,金属管道对电缆起保护作用,而且防火,如图 3-7 所示。

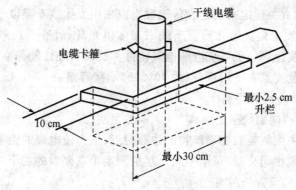

图 3-7 电缆管道方式

② 电缆井方法

电缆井是指在每层楼板上开出一些方孔,使电缆可以穿过这些电缆井,从某层楼延伸到相邻的楼层,电缆井的大小根据所用电缆的数量而定。与电缆管道方法一样,电缆是捆在或箍在支撑用的钢绳上,钢绳靠墙上金属条或地板三脚架筒定住。离电缆井很近的墙上安装立式金属架可以支撑很多电缆。电缆井的选择性非常灵活,可以让粗细不同的各种电缆以任何组合方式通过,如图 3-8 所示。电缆井方法虽然比电缆孔方法灵活,但在原有建筑物中开电缆井安装电缆造价较高,它的另一个缺点是使用的电缆井很难防火。如果在安装过程中没有采取措施防止损坏楼板支撑件,则楼板的结构完整性将受到破坏。

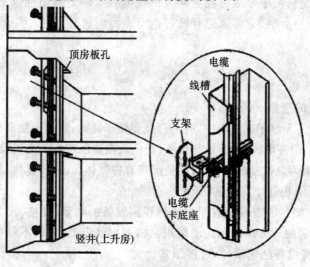

图 3-8 电缆井方式

(3) 确定垂直干线电缆类型和尺寸

根据建筑物的楼层面积、高度和建筑物的用途,可选择下面几种类型的垂直干线子系统线缆。

① 100 Ω 大对数电缆(UTP);

② 150 Ω 大对数电缆(STP);

③ 62.5 μm/125 μm 光缆;

④ 50 μm/125 μm 光缆。

垂直干线子系统所需要的总电缆对数和光纤芯数,可按 GB/T50311《建筑与建筑群综合布线系统设计规范》的有关规定来确定。传送数据应采用光缆或 5 类以上(包括 5 类)电缆,传送语音电话应采用 3 类电缆。通常数据干线采用多模光纤,语音干线采用 3 类大对数电缆。所选电缆符合本章配线(水平)子系统电缆电气特性和机械物理性能标准之规定。

每段干线电缆长度要留有备用部分(约 10%)和端接容差。

(4) 垂直干线系统布线的距离

① 主配线架到配线间配线架的距离

通常将设备间的主配线架放在建筑物的中部附近,从而使电缆的距离最短,安装超过了距离限制可采用双主干或中间交接,每个中间交接由满足距离要求的主干布线来支持。

② 主配线架到入楼设备的距离

当有关分界点位置的常规标准允许时,入楼设备到配线架的距离应包括在总距离中,所用传输介质的长度和规格要作记录,并满足用户的要求。

③ 配线架与电信设备的距离

直接与主配线架或配线间分配线架连接的设备应使用小于 30 m 的设备转接电缆。

如果设备间与计算机机房和交换机房处于不同的地点,而且需要把语音电缆连至交换机房,数据电缆连至计算机房,则宜在设计中选取不同的干线电缆或干线电缆的不同部分来分别满足语音和数据的需要。当需要时,也可采用光缆系统予以满足。

2. 智能小区

小区干线系统设计没有特殊要求,当干线入户后管线最好直达智能家居多媒体信息箱,而且管线直径尽可能大些,便于今后可能更换入户线缆时有一定自由的余地。条件许可多放一条入户备用管线是有好处的,有多家运营商可选择时特别显得方便。

3.2.5 设备间

1. 设备间设计步骤

(1) 设备间位置的选择

设备间应尽量处于干线子系统的中间位置,且要便于接地;宜尽可能靠近建筑物电缆引入区和网络接口;尽量靠近服务电梯,以便运载设备;避免放在高层或地下室以及用水设备的下面;尽量避免强振动源、强噪声源和强电磁场等;尽量远离有害气体源,以及腐蚀、易燃和易爆炸物。

(2) 设备间使用面积的计算方法

设备间的面积应根据能安装所有屋内通信线路设备的数量、规格、尺寸和网络结构等因素综合考虑,并留有一定的人员操作和活动面积。根据实践经验,一般不应小于 10 m²。

① 当计算机系统设备已选型时,可按下式计算

$$A = K \times \sum S$$

式中：A——设备间使用面积(m^2)；

    K——系数，取值为 5～7；

    S——计算机系统及辅助设备的投影面积(m^2)。

② 当计算机系统的设备尚未选型时，可按下式计算

$$A = K' \times N$$

式中：A——设备间使用面积(m^2)；

    K'——单台设备占用面积，可取 4.5～5.5 平方米/台；

    N——设备间所有设备的总台数。

设备间内应有足够的设备安装空间，其面积最低不应小于 10 m^2。

（3）设备间建筑结构标准

① 设备间梁下高度：2.5～3.2 m；

② 门（高×宽）：2 m×0.9 m；

③ 地板承重：A 级≥500 kg/m^2；B 级≥300 kg/m^2。

在地震区的区域内，设备安装应按规定进行抗震加固，并符合 YD5059—98《通信设备安装抗震设计规范》的相应规定。

（4）设备安装宜符合下列规定

① 机架或机柜前面的净空不应小于 800 mm，后面净空不应小于 600 mm。

② 壁挂式配线设备底部离地面的高度不宜小于 300 mm。

③ 在设备间安装其他设备时，设备周围的净空要求按该设备的相关规范执行。

（5）设备间的环境条件。

① 温度：设备间室温应保持在 10～30℃之间。

② 湿度：相对温度应保持在 20%～80%之间，并应有良好的通风。

设备间温度和湿度对电子设备的正常运行及使用寿命有很大的影响，所以对于温度和湿度是有严格要求的，一般将温度和湿度分为 A、B、C 三级。设备间可按某一级执行，也可按某级综合执行。具体指标如表 3-6 所列。

表 3-6 设备间温度和湿度要求分级表

级别 项目 指标	A 级		B 级	C 级
	夏季	冬季		
温度/℃	22±4	18±4	12～30	8～35
相对湿度/%	40～65	35～70	30～80	
温度变化率/℃·h^{-1}	<5 要不凝露		>0.5 要不凝露	<15 不凝露

③ 尘埃：设备间应防止有害气体（如 SO_2、H_2S、NH_3、NO_2 等）侵入，并应有良好的防尘措施，尘埃含量限值宜符合表 3-7 的规定。

表 3-7 尘埃限值

灰尘颗粒的最大直径/μm	0.5	1	3	5
灰尘颗粒的最大浓度/粒子数·m^{-1}	1.4×10	7×10	2.4×10	1.3×10

设备间的温度、湿度和尘埃对微电子设备的正常运行及使用寿命都有很大的影响。过高的室温会使元件失效率急剧增加,使用寿命下降;过低的室温又会使磁介等发脆,容易断裂;温度的波动会产生"电噪声",使微电子设备不能正常运行。相对湿度过低,容易产生静电,对微电子设备造成干扰;相对湿度过高,会使微电子设备内部焊点和插座的接触电阻增大。尘埃或纤维性颗粒积聚、微生物的作用还会使导线被腐蚀断掉。所以在设计设备间时,除了按 GB2998—89《计算站场地技术条件》执行外,还应根据具体情况选择合适的空调系统。

④ 照明:设备间内在距地面 0.7 m 处,要求照度不应低于 200 lx;同时还应设置事故照明,在距地面 0.7 m 处,照度不应低于 50 lx。

⑤ 供电系统:设备间应提供不少于两个 220 V、10 A 带保护接地的单相电源插座,依据设备的性能允许以上参数的变动范围如表 3-8 所列。

表 3-8 设备的性能允许电源变动范围

级别 指标 项目	A 级	B 级	C 级
电压变动/%	-5~+5	-10~+7	-15~+10
频率变化/Hz	-0.2~+0.2	-0.5~+0.5	-1~+1
波形失真率/%	<±5	<±5	<±10

设备间内供电容量的计算是将设备间内存放的每台设备用电量的标称值相加后,再乘以系数。从电源室(房)到设备间使用的电缆,除应符合 GBJ232—82《电气装置安装工程规范》中配线工程规定外,载流量应减少 50%。设备间内设备用的配电柜应设置在设备间内,并应采取防触电措施。设备间内的各种电力电缆应为耐燃铜芯屏蔽的电缆。各电力电缆如空调设备、电源设备所用的电缆等,这些供电电缆不得与双绞线走向平行。交叉时,应尽量以接近于垂直的角度交叉,并采取防延燃措施。各设备应选用铜芯电缆,严禁铜、铝混用。

⑥ 噪声:设备间的噪声应小于 70 dB,如果长时间在 70~80 dB 噪声的环境下工作,不但影响人的身心健康和工作效率,还可能造成人为的噪声事故。

⑦ 电磁场干扰:设备间内无线电干扰场强,在频率为 0.15~1 000 MHz 范围内不大于 120 dB;设备间内磁场干扰场强不大于 800 A/m。

⑧ 安全:安全包括两个方面,一是防火,二是防盗。设备间的耐火等级不应低于三级耐火等级。设备间进行装修时,装饰材料应选用阻燃材料或不易燃烧的材料。要在机房里、工作房间内、活动地板下、天花板上方及主要空调管道等地方设置烟感或温感传感器,进行监测。要准备消防器材,注意严禁使用水、干粉和泡沫等容易产生二次破坏的灭火剂,还要防止失窃与人为损坏。

2. 智能小区

(1) 单个建筑群配线架方案

在智能化小区中,最好选择位于建筑群体中心位置的智能化建筑作为各幢建筑物通信线路和与公用通信网连接的最佳汇接点,并在此安装建筑群配线架。建筑群配线架与该幢建筑的建筑物配线架合设,既能减少配线接续设备和通信线路长度,又能降低工程建设费用。各幢智能化建筑中分别装设建筑物配线架和敷设建筑群主干布线子系统的主干线路,并与建筑群配线架相连。单个建筑群配线架方案适用于智能化建筑幢数不多、小区建设范围不大的场合。

(2) 多个建筑群配线架方案

当智能化小区的工程建设范围较大,且智能化建筑幢数较多而且分散时,由于设备容量过大且过于集中,建筑群主干布线子系统的主干线路长度增加,设置一个建筑群配线架不便于维护管理。为此,可将该小区的房屋建筑根据平面布置适当分成两个或两个以上的区域,形成两个或多个综合布线系统的管辖范围,在各个区域内中心位置的某幢智能化建筑中分别设置建筑群配线架,并分别设有与公用通信网相连的通信线路。此外,各个区域中每幢建筑物的建筑群主干布线子系统的主干电缆或光缆均与所在区域的建筑群配线架相连。为了使智能化小区内的通信灵活和安全可靠,在两个建筑群配线架之间,应根据网络需要和小区内管线敷设的条件,设置电缆或光缆互相连接,形成互相支援的备用线路。

3.2.6 建筑群子系统

建筑群电缆布线根据建设方法分为地下和架空两种。地下方式又分为直埋电缆法、地下管道法和通道布线法。架空方式分为架空杆路和墙壁挂放两种方法。各种敷设方法如图 3-9～图 3-12 所示。

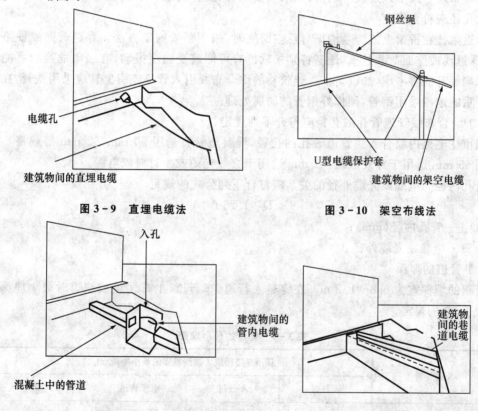

图 3-9 直埋电缆法　　　　图 3-10 架空布线法

图 3-11 地下管道法　　　　图 3-12 通道布线法

城市住宅小区地下综合布线管道规划应与城市通信管道和其他地下管线的规划相适应,必须与道路、给排水管、热力管、煤气管和电力电缆等市政设施同步建设。城市住宅小区地下综合布线管道应与城市通信管道和各建筑物的同类引入管道或引上管相衔接。其位置应选在建筑物和用户引入线多的一侧。

综合布线管道的管孔数应按终期电缆或光缆条数及备用孔数确定。

1. 建筑物管道引入

① 综合布线系统通信线路地下管道引入房屋建筑的路由和位置,应与房屋建筑设计单位协商决定。应由房屋的建筑结构和平面布置决定建筑物配线架装设的位置,应综合考虑与其他管线之间有无互相影响或矛盾等因素。

② 建筑物综合布线引入管道的每处管孔数不宜少于2孔。引入管道的管孔数量或预留洞孔尺寸除满足正常使用需要外,应适当考虑备用量,以便今后发展,所以在建筑设计中必须加以考虑。

③ 引入管道或预留洞孔的四周,应做好防水和防潮等技术措施,以免污水和潮气进入房屋。为此,空闲的管道管孔或预留洞孔及其四周都应使用防水材料和水泥砂浆密封堵严。

2. 管道材料的选择

(1) 综合布线管道管材的选用应符合下列要求

综合布线管道与城市通信管道合建时,一般采用混凝土管,宜以6孔(孔径90 mm)管道为基数进行组合,或采用62 mm等小孔径管道,在地下水位较高时宜采用塑料管道。

综合布线管道单独建设时,宜采用双壁波纹管、复合发泡管和实壁管等塑料管进行组合,管子的孔径应符合规定。

管道附挂在桥梁上或跨越沟渠有悬空跨度时,采用顶管施工方法。穿越道路或铁路路基时,埋深过浅或路面荷载过重,地基特别松软或有可能遭受强烈振动,有强电危险和可能受到干扰影响等都需要考虑,加以防护。建筑物的综合布线引入管道或引上管应采用铁管,在腐蚀比较严重的地段采用钢管,须作好钢管的防腐处理。

(2) 综合布线管道管孔的孔径应符合下列规定

城市住宅区内综合布线管道管孔的孔径,混凝土管宜选用90 mm、62 mm等规格。塑料管选用65 mm适用于穿放电缆,41 mm适用于穿放光缆或4对对绞电缆。

管孔内径与电缆或光缆外径的关系应符合下列公式的规定

$$D \geqslant 1.25d$$

式中:D——管孔内径(mm);

d——电缆或光缆外径。

(3) 管道的埋深

管道的埋深宜为0.8~1.2 m。在穿越人行道、车行道、电车轨道或铁道时最小埋深不得小于表3-9的规定。

表3-9 管道的最小埋深

管 种	管顶至路面或者铁路基面的最小净距/m			
	人行道	车行道	电车轨道	铁 道
混凝土管、硬塑软管	0.5	0.7	1.0	1.3
钢 管	0.2	0.4	0.7	0.8

(4) 预埋管道

先行建设的建筑物应预埋引入管道,其管材宜采用RC08钢管,预埋长度应伸出外墙2 m,

预埋管应由建筑物向入孔方向倾斜,坡度不得小于 4 ‰。地下综合布线管道进入建筑物处应采取防水措施。

3. 人(手)孔的设置

(1) 人(手)孔位置选择

人(手)孔位置应选择在管道分歧点、引上电缆汇接点和建筑物引入点等处。在交叉路口、道路坡度较大的转折处或主要建筑物附近宜设置入(手)孔。两人(手)孔间的距离不宜超过 150 m。人(手)孔位置应与其他地下管线的检查井相互错开。其他地下管线不得在人(手)孔内穿过。交叉路口的人(手)孔位置宜选在人行道上或偏于道路的一侧。人(手)孔位置不应设置在建筑物的门口,也不应设置在规划的电放器材或其他货物堆场,更不得设置在低洼积水地段。

(2) 人(手)孔类型和规格

终期管群容量小于 1 个标准 6 孔管块的管道、暗式渠道、距离较长或拐弯较多的引上管道等,宜采用手孔;终期管群容量大于或等于 1 个标准 6 孔管块的管道宜采用人孔。

4. 智能小区

物业管理中心机房应尽量在整个园区中心或相对中心的位置。地上及地下交通条件要好,位于小区主干道上,且地面道路较宽,地下敷设管道的条件好,弱电管道便于沿园区干道通向小区各栋建筑。由物业管理中心机房向外敷设弱电管道的方向数应是 2 个以上,从而避免出线方向少,使弱电管道过于集中。物业管理中心机房应与管理中心办事机构建在一处,以便于相互联络及对机房进行管理。物业管理中心应选在整个园区的一期工程范围内,以便于管理中心与一期工程同期建设,同时投入使用,尽早形成热卖优势。回收投资还要考虑通向本小区的市政弱电线缆,即电话、有线电视及宽带网光缆引入物业管理中心机房的敷设路径应在一期工程范围之中,实现市政线缆引入工程与一期工程同步,避免出现一期工程建成了,因无电话或电视影响一期工程配套使用。

在已建或正在建的智能化小区内,若已有地下电缆管道或架空通信杆路,则应尽量设法利用。与该设施的主管单位,包括公用通信网或用户自备设施的单位进行协商,采取合用或租用等方式,以避免重复建设,节省工程投资,使小区内管线设置减少,有利于环境美观和小区布置。

3.2.7 防护设计

防护设计的主要目的是防止外来电磁干扰和系统向外的电磁辐射。外来电磁干扰直接影响到系统的可靠运行和性能;而向外的电磁辐射则会造成系统信息的泄漏。目前现有的网络,其传输速率一般为 10~100 Mbit/s,甚至更高,待传信号的频率很高,必然向外辐射大量的电磁波。因此必须采取合适的技术和设计方法,使系统可靠、安全地运行。

1. 电气防护设计

① 当综合布线区域内存在的电磁干扰场强大于 3 V/m 时,应采取防护措施。综合布线电缆与附近可能产生高频电磁干扰的电动机、电力变压器等电气设备之间应保持必要的间距。

② 综合布线电缆与电力电缆的间距应符合表 3-10 的规定。

③ 墙上敷设的综合布线电缆、光缆以及管线与其他管线的间距符合表 3-11 的规定。

表 3-10 综合布线电缆与电力电缆的间距

类别	与综合布线接近状况	最小净距/mm
380 电力电缆<2 kVA	与缆线平行敷设	130
	有一方在接地的金属线槽或钢管中	70
	双方都在接地的金属线槽或钢管中	10
380 电力电缆 2~5 kVA	与缆线平行敷设	300
	有一方在接地的金属线槽或钢管中	150
	双方都在接地的金属线槽或钢管中	80
380 电力电缆>5 kVA	与缆线平行敷设	600
	有一方在接地的金属线槽或钢管中	300
	双方都在接地的金属线槽钢管中	150

注：① 当 380 V 电力电缆<2 kVA，双方都在接地的线槽中，且平行长度≤10 m 时，最小间距可以是 10 mm。
② 电话用户存在振铃电流时，不能与计算机网络在一根对绞电缆中一起运用。
③ 双方都在接地的线槽中，系统有两个不同的线槽，也可以在同一线槽中用金属板隔开。

表 3-11 墙上敷设的综合布线电缆、光缆及管线与其他管线的间距

其他管线	最小平行净距/mm	最小交叉净距/mm
	电缆、光缆或管线	电缆、光缆或管线
避雷引下线	1 000	300
保护地线	50	20
给水管	150	20
压缩空气管	150	20
热力管(不包封)	500	500
热力管(包封)	300	300
煤气管	300	20

注：如墙壁电缆敷设高度超过 6 000 mm，则与避雷引下线的交叉净距应按下式计算：

$$S \geqslant 0.05L$$

式中：S——交叉净距(mm)；
L——交叉处避雷引下线距地面的高度(mm)。

当综合布线区域内存在的干扰低于上述规定时，推荐采用非屏蔽缆线和非屏蔽配线设备进行布线。布线区域内存在的干扰高于上述规定时，或用户对电磁兼容性有较高要求时，宜采用屏蔽缆线和屏蔽配线设备进行布线，也可以采用光缆系统。当综合布线路由上存在干扰源，且不能满足最小净距要求时，宜采用金属管线进行屏蔽。

2. 接地设计

综合布线系统采用屏蔽措施时，必须有良好的接地系统，并应符合下列规定。
① 单独设置接地体时，保护地线的接地电阻值不应大于 4 Ω；采用接地体时，不应大于 1 Ω。
② 采用屏蔽布线系统时，所有屏蔽层应保持连续性。
③ 采用屏蔽布线系统时，屏蔽层的配线设备(FD 或 BD)接地端必须良好接地，用户(终端设备)接地端视具体情况接地，两端的接地应连接至同一接地体。若接地系统中存在 2 个不同

的接地体,则其接地电位差不应大于 1 V。

采用屏蔽布线系统时,每一楼层的配线柜都应采用适当截面的铜导线单独布线至接地体,也可采用竖井内集中用铜排或粗铜线引到接地体,导线或铜导体的截面应符合标准。接地导线应接成树状结构的接地网,避免构成直流环路。每个楼层配线架应单独设置接地导线至接地体装置,成为并联连接,不得采用串联连接。干线电缆的位置应尽可能位于建筑物的中心位置,当电缆从建筑物外面进入建筑物时,电缆的金属护套或光缆的金属件均应有良好的接地。

接地导线应选用截面积不小于 2.5 mm² 的铜芯绝缘导线。对于非屏蔽系统,非屏蔽缆线的路由附近敷设直径为 4 mm 的铜线作为接地干线,其作用与电缆屏蔽层完全相同。接地导线距离要求如表 3-12 所列。

表 3-12 接地导线距离要求

名称	接入用户电话交换机的工作站数量/个	专线的数量/条	通信引出端的数量/个	工作区的面积/m²	接线间或电脑室的面积/m²	选用绝缘铜导线的截面积/mm²
接地距离≤30 m	≤50	≤15	≤75	≤750	10	6～16
接地距离≤100 m	>50 ≤300	>15 ≤80	>75 ≤450	>705 ≤4 500	15	16～50

3. 防雷设计

当电缆从建筑物外面进入建筑物时,应采用过压、过流保护措施,并符合相关规定。

① 当通信线路处在下述的任何一种情况时,就认为该线路处于危险环境内,根据规定应对其采取过压、过流保护措施。

➢ 雷击引起的危险影响。
➢ 工作电压超过 250 V 的电源线路碰地。
➢ 地电位上升到 250 V 以上而引起的电源故障。
➢ 交流 50 Hz 感应电压超过 250 V。

② 当通信线路能满足和具有下述任何一个条件时,可认为通信线路基本不会遭受雷击,其危险性可以忽略不计。

➢ 该地区每年发生的雷暴日不多于 5 天,其土壤电阻率 ρ 小于或等于 100 $\Omega \cdot m$。
➢ 建筑物之间的通信线路采用直埋电缆,其长度小于 42 m。电缆的屏蔽层连续不断,电缆两端均采取了接地措施。
➢ 通信电缆全程完全处于已有良好接地的高层建筑,或其他高大构筑物所提供的类似保护伞的范围内,如有些智能化小区具有这样的特点,而且电缆有良好的接地系统。

③ 综合布线系统中采取过压保护措施的元器件,目前有气体放电管保护器或固态保护器两种,宜选用气体放电管保护器。

④ 综合布线系统的缆线会遇到各种过电压,有时过压保护器因故而不动作。例如 220 V 电力线可能不足以使过压保护器放电,却有可能产生大电流进入设备。因此,必须同时采用过电流保护,为了便于维护检修,建议采用能自复的过流保护器。

⑤ 当智能化建筑避雷接地采用外引式泄流引下线入地时,通信系统接地应与建筑避雷接地分开设置,并保持规定的间距。

⑥ 智能化建筑内综合布线系统的有源设备的正极、外壳、主干电缆的屏蔽层及其连通线均应接地,并应采用联合接地方式。当采用联合接地方式时,为了减少危险,要求总接线排的工频接地电阻不大于1Ω,以限制接地装置上的高电位值出现。

4. 防火设计

根据建筑物的防火等级和对材料的耐火要求,综合布线应采取相应的措施。在易燃的区域和大楼竖井内布放电缆或光缆,应采用阻燃的电缆和光缆。在大型公共场所宜采用阻燃、低燃、低毒的电缆或光缆。相邻的设备间或交换间应采用阻燃型配线设备。在设计中还要注意下列防火措施。

① 智能化建筑中的易燃区域、上升房或电缆竖井内,综合布线系统所有的电缆或光缆都要采用阻燃护套。如果这些缆线是穿放在不可燃的管道内,或在每个楼层均采取切实有效的防火措施,如用防火堵料和防火板堵封严密时,可以不设阻燃护套。

② 在上升房或易燃区域中,所有敷设的电缆或光缆宜选用防火和防毒的产品。这样万一发生火灾,因电缆或光缆具有防火、低烟、阻燃或非燃等性能,不会或很少散发有害气体,对于救火人员和疏散人流都有较好作用。目前采用的有:低烟无卤阻燃型(LSHF-FR)、低烟无卤型(LSOH)、低烟非燃型(LSNC)和低烟阻燃型(LSLC)等多种产品。此外,配套的接续设备也应采用阻燃型的材料和结构。如果电缆和光缆穿放在钢管等非燃烧的管材中,且不是主要段落时,可考虑采用普通外护层。当重要布线段落是主干缆线时,考虑到火灾发生后钢管受到烧烤,管材内部形成高温空间会使缆线护层发生变化或损伤,也应选用带有防火和阻燃护层的电缆或光缆,以保证通信线路安全。

3.3 综合布线设计文件的组成

综合布线的设计文件要有一定的内容要求。除了系统设计文件完整外,还要有布线系统示意图和布线系统平面图。

3.3.1 设计文件组成部分

设计文件要分章对各部分的内容进行归纳,内容如下:
> 项目概述;
> 用户现状与需求;
> 综合布线方案;
> 网络系统设计;
> 项目组织实施和售后服务体系;
> 系统报价。

3.3.2 设计图纸

综合布线系统设计图纸要按照一定比例绘图,表明布线路由,示意所在地点和标准相关的尺寸长度,最后要说明图纸中符号含义。

习 题

1. 图3-13(a)和(b)所示分别是什么标准的信息插座引线？

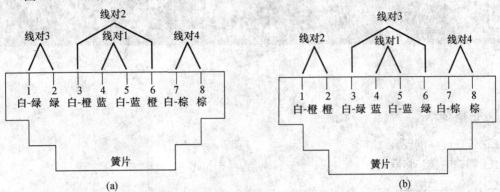

图3-13 习题1图

2. 简述综合布线系统设计的主要原则及步骤。
3. 在综合布线系统设计时应如何统计水晶头和信息模块数量？
4. 综合布线的地线设计要注意哪几个要点？

第4章 综合布线工程施工技术

◎ **本章要点**

- 连接硬件的安装
- 同轴电缆连接器
- 传输通道施工
- 线缆敷设
- 各子系统的布线方法
- 光缆布线技术
- 光缆在设备间及管理间的安装
- 设备间和管理间的设备机架及地线的安装

◎ **学习要求**

- 理解RJ-45水晶头与信息模块的连接关系
- 掌握双绞线与RJ-45头的连接工艺
- 掌握线缆穿管牵引技术
- 掌握建筑物主干线电缆的布线技术
- 掌握建筑物内水平布线技术和建筑群间的电缆布线技术
- 了解光缆布线方法
- 掌握光缆的端接和光纤交连
- 熟悉综合布线系统的标识管理
- 掌握设备间和管理间的设备机架及地线的安装

4.1 连接硬件的安装

信息模块是连接硬件的重要部件,是提供信息连接的插口。信息模块安装在工作区,其所处环境复杂,地点分散,数量较大,且一定要在现场安装,这给施工带来难度。为确保正确无误,需要做好标记,随做随检查。信息插口到终端设备之间的连线是一条两头带有RJ-45水晶接头的双绞线,也是用于配线架面板上的跳线,可以现场制作安装或者由工厂定制。

4.1.1 RJ-45水晶接头与信息模块的连接关系

RJ-45水晶接头与信息模块的关系如图4-1所示。

电缆的一端接配线架110连接块的1至4线位,分别是第1对为模拟语音,第2对为数据发送,第3对为数据接收,第4对为电源备线。而电缆的另一端连接信息模块。信息模块平面朝上,第1、2针供网卡数据接收,第3、6针供网卡的数据发送,第4、5针信息模块为模拟语音而留,第7、8针为远程电源备线。

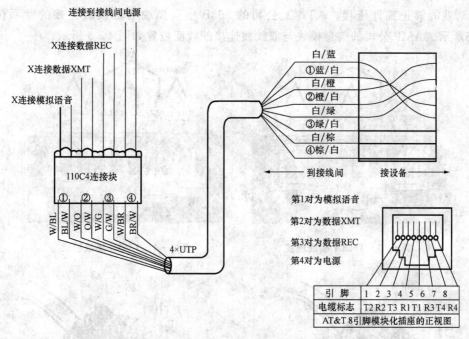

图 4-1 RJ-45 与信息模块的关系

RJ-45插头不管是哪家公司生产的,它们的排列顺序总是1,2,3,4,5,6,7,8,在端接时可能是568A或568B的标准线序。透过水晶插头可看到双绞线色标顺序排列,不能有差错。无论是采用568A还是采用568B,均在一个模块中实现。在一个系统中只能选择一种,即568A或568B,不可混用。在工程施工中习惯使用568B,至于为什么要把568A第2对线(568B第3对线)安排在4、5的两边,这主要考虑安排线对位置方便,把3和6位置颠倒,形成的线对分布可改变导线中信号流通的方向,使相邻的线路变成同方向的信号,在并排布置线对中减少了产生的串扰对,如图4-2所示。

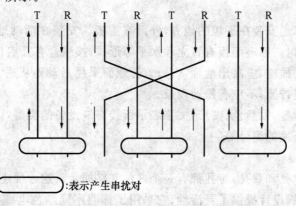

图 4-2 改变导线排列减少串扰对

4.1.2 信息插座的端接

目前,信息模块产品的结构都类似,只是排列位置有所不同。正面的面板连接实物如图 4-3 和图 4-4 所示。在面板后面,模块标注有双绞线颜色标记,双绞线压接时,注意颜色标记配对就能够正确地压接。AT&T 公司的 568B 信息模块与双绞线连接的背面位置如图 4-5 所示。AMP 公司的信息模块与双绞线连接的背面位置如图 4-6 所示。

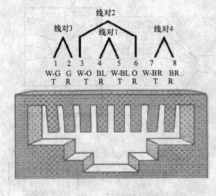
图 4-3 T568A 接线模式

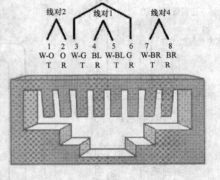
图 4-4 T568B 接线模式

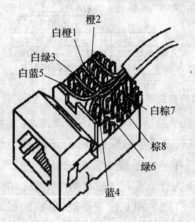
图 4-5 AT&T 信息模块与双绞线连接位置

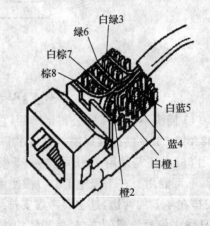
图 4-6 AMP 信息模块与双绞线连接位置

1. 安装要求

信息插座应牢靠地安装在平坦的地方,外面有盖板。安装在活动地板或地面上的信息插座,应固定在接线盒内。插座面板有直立和水平等形式,接线盒有开启口,应有防尘盖。

安装在墙体上的插座,应高出地面 30 cm,若地面采用活动地板时,应加上活动地板内净高尺寸。固定螺钉需拧紧,不应有松动现象。

信息插座应有标签,以颜色、图形、文字表示所接终端设备的类型,以及本系统采用的接线线序标准以及信息模块的编号等。

2. 信息模块端接

信息插座分为单孔和双孔,每孔都有一个 8 位 8 路插针。这种插座的高性能、小尺寸及模块化特点,为综合布线设计提供了灵活性,它采用了标明不同颜色电缆所连接的终端,保证了快速、准确地安装。

① 从信息插座底盒孔中将双绞电缆拉出 20～30 cm,用环切器或斜口钳从双绞电缆剥除 10 cm 的外护套。双绞线是成对相互对绞在一处的,按一定距离对绞的导线可提高抗干扰的能力,减小信号的衰减,压接时一对一对拧开放入与信息模块相对的端口上。

② 根据模块的色标分别把双绞线的 4 对线缆压到指定的插槽中,双绞线分开不要超过要求,注意不要过早分开。在双绞线压接处不要拧或撕开,并防止有断线的伤痕。

③ 使用打线工具把线缆压入插槽中,并切断伸出的余线。使用压线工具压接时,要压实,不能有松动的地方,并注意刀刃的方向。

④ 将制作好的信息模块扣入信息面板上,注意模块的上下方向。

⑤ 将装有信息模块的面板放到墙上,用螺钉固定在底盒上。

⑥ 为信息插座标上标签,标明所接终端的类型和序号。

安装好的信息模块就可以插入信息模块的面板,或者安装在不同的面板上,或者和其他组件一起安装到模块化配线架中。如果是屏蔽的电缆,打线时还要单独地将屏蔽线接到模块组件的专用地线上去。

在现场施工过程中,有时遇到 5 类线或 3 类线,与信息模块压接时出现 8 针或 6 针模块。例如,要求将 5 类线(或 3 类线)一端压在 8 针的信息模块(或配线面板)上,另一端在 6 针的语音模块上。在这种情况下,无论是 8 针信息模块还是 6 针语音模块,在交接处都是 8 针,只有输出时有所不同。压接都按照 5 类线 8 针压接方法压接,6 针语音模块将自动放弃不用的棕色线对。

4.1.3 双绞线与 RJ-45 头的连接工艺

RJ-45 的连接分为 568A 与 568B 两种方式,二者没有本质的区别,只是颜色上的区别。本质的问题是要保证线对的对应关系,即对应关系为:

- 1,2 线对是一个绕对;
- 3,6 线对是一个绕对;
- 4,5 线对是一个绕对;
- 7,8 线对是一个绕对。

工程中为避免不一致而造成混乱,习惯使用的打线方法是 568B。一般情况下,不论采用哪种方式,都必须与信息模块采用的方式相同。对于 RJ-45 插头与双绞线的连接,下面以 568B 为例说明操作方法。

第 1 步,准确选择线缆的长度。从线箱中根据实际走线取出一定长度的线缆后,使用专用夹线钳剪断,当布放在两个终端之间仍有多余的线缆时,应该按照实际需要的长度将其剪断,而不应将其卷起并捆绑起来。

第 2 步,自端头剥去大于 40 mm,露出 4 对线,这主要是该长度恰好可以让导线插进水晶头里面。但是里面的导线在操作时不要损伤,里面芯线的外皮不需要剥掉。将双绞线反向缠绕开,根据 568B 排线序。定位电缆线以便它们的顺序号是 1 和 2,3 和 6,4 和 5,7 和 8,如图 4-7 所示。

第 3 步,剪齐线头。注意一定要齐,同时线缆接头处反缠绕开的线段的长度不应超过 2 cm。过长会引起较大的近端串扰。插入插头时应保证线缆护套也恰好进入水晶头里面。在接头处,线缆的外保护层需要压在接头中而不能在接头外。只有这样,当线缆受到外界的拉力时受力的是整个线缆,否则受力的是线缆和接头连接的金属部分。

导线按正确的顺序平行排列,绝缘导线扭绞时导线6是跨过导线4和5,在护套管里不应有未扭绞的导线。导线经修整后(导线端面应平整,避免毛刺影响性能)距护套管的长度约14 mm,从线头开始,至少 10 mm±1 mm 之内跨过导线 4 和 5,如图 4-8 所示。

第 4 步,压线。当确定前面的工作都已经完成以后,将导线插入 RJ-45 头,导线在 RJ-45 头部能够见到铜芯,如图 4-9 所示。用压线钳压实 RJ-45 头。压接力量要到位,不用担心水晶头会被压坏。在布线时最好多使用一些固定卡子,以减轻线缆自身重量对接头的张力,因为在线缆接线施工时,线缆的拉力是有一定限制的,一般为 88 N 左右。过大的拉力会破坏线缆对绞的匀称性。

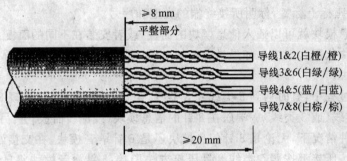

图 4-7　RJ-45 连接剥线示意图

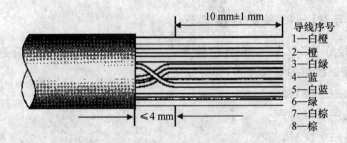

图 4-8　双绞线排列方式和必要的长度

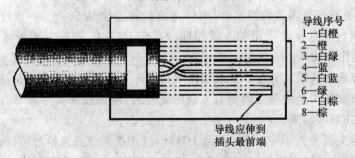

图 4-9　RJ-45 头的压线要求

用双绞线线缆作为连接线,在设备和插座间用直连线或设备和设备间用交叉线进行连接。电缆两头都需要做 RJ-45 头,一般只有直连线和交叉线两种连接方式,如图 4-10 所示。

① 直连线一般两端都做成 T568B 线序,用于上下级设备之间的连接,如集线器端口与计算机网卡间的连接。

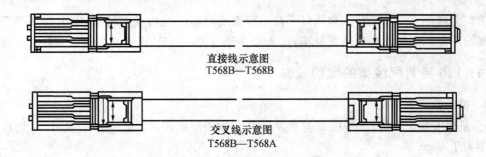

图 4-10 直连线和交叉线

② 交叉线将一端做成 T568B 线序,另一端做成 T568A 线序。交叉线主要用于同级设备之间的连通,如两台电脑之间的联网、两台集线器之间的级连。

T568A/T568B 的转接线插针/导线颜色分配如表 4-1 所列。

表 4-1 T568A/T568B 的转接线插针/导线颜色分配

一端的插针	T568A 的导线颜色	T568B 的导线颜色	另一端的插针
1 发送+	白绿/绿	白/橙	3 接收+
2 发送-	绿	橙	6 接收-
3 接收+	白/橙	白绿/绿	1 发送+
6 接收-	橙	绿	2 发送-
4 备用	蓝	蓝	4 备用
5 备用	白/蓝	白/白蓝	5 备用
7 备用	白/棕	白/白棕	7 备用
8 备用	棕	棕	8 备用

从表 4-1 可以看出,通过交叉转接能够达到收发匹配。

除以上直接连通、交叉连通外,其他接法均为不合格,为错接。

打线时常见的错误有:开路、短路和反接(一对线中的两根交叉了,如 1 对应 2,2 对应 1)。

在某些情况下,使用交叉线与使用直连线没什么区别,即使用了不正确接线也能进行 Hub 的级连。这是因为所使用的 Hub 是智能 Hub,这种 Hub 可以自动识别连接线,并会将接口的线对调到正确位置,但这不代表这种打线的方式是正确的。

还有一种错误就是串扰,通常造成这种结果的原因是接线错误,即接成了 1、2 为一对,3、4 为一对,5、6 为一对,7、8 为一对。而网络进行通讯时错误地使用 1、2 和 3、4,而不是 3、6,这种错误接线是无法用眼睛或万用表检查出来的,这是因为其端至端的连通性是正常的。而这种错误接线的最大危害是会产生很大的近端串扰,它不会造成网络不通,而是使网络运行速度很慢,时通时断,属于软故障,这样的网络运行后检查起来很麻烦。

第 5 步,使用测试仪测试。布线系统的测试很重要,布线施工的人员只检查电缆的通断、长度、电缆的打线方法以及电缆的走向。线缆做好了一定要用测试仪器测一下,否则安装以后查错就很麻烦。连通对线器是一种使用简易的测试仪器,分为发送头和接收头两部分,分别接于被测电缆的两端。发送头里配备了一个 9 V 积层电池,由于 5 类双绞线只有 4 对导线,所以面板上提供了 4 个信号灯以对应接线情况,通过它可以很清楚地知道线序的情况。如果接线没问题,4

个信号灯会顺序点亮并循环。如果灯不按顺序循环点亮则说明线对接错,如个别灯不亮则说明有断线问题。如果线对间出现反接,如1和2间的线对接反,则测试器会出现红灯。

4.1.4　110系列配线架的配线设备安装

1. 机架安装要求

① 机架安装完毕后,水平度和垂直度应符合生产厂家规定。若无厂家规定,则垂直度偏差应不大于3 mm。

② 机架上的各种零件不得脱落或碰坏,各种标志应完整清晰。

③ 机架的安装应牢固,应按施工的防震要求进行加固。

④ 安装机架面板时,架前应留有0.6 m空间,机架背面离墙面的距离视其型号而定,应便于安装和维护。

2. 配线架安装要求

① 采用下走线方式时,架底位置应与电缆上线孔相对应。

② 各直列垂直倾斜误差应不大于3 mm,底座水平误差每平方米应不大于2 mm。

③ 接线端子各种标记应齐全。

④ 交接箱或暗线箱根据实际也可考虑设在墙体内。机架、配线设备接地体的安装应符合设计要求,并保持良好的电气连接。

3. 双绞线端接的一般要求

① 线缆在端接前,必须检查标签颜色和数字的含义,并按顺序端接。

② 线缆中间不得产生接头现象。

③ 线缆端接处必须卡接牢靠,接触良好。

④ 线缆端接处应符合设计和厂家安装手册要求。

⑤ 双绞电缆与连接硬件连接时,应认准线号、线位色标,不得颠倒和错接。

4. 接插式配线架的端接

① 第1个110配线架上要端接的24条线牵拉到位,每个配线槽中放6条双绞线。左边的线缆端接在配线架的左半部分,右边的缆线端接在配线架的右半部分。

② 在配线板的内边缘处将松弛的缆线捆起来。保证单条的线缆不会滑出配线板槽,避免线缆束的松弛和不整齐。

③ 在配线板边缘处的每条线缆上标记一个新线的位置。这有利于下一步在配线板的边缘处准确地剥去线缆的外衣。

④ 拆开线缆束并紧握住,在每条线缆的标记处划痕,然后将刻好痕的线缆束放回去,为盖上110配线板做准备。

⑤ 当4个缆束全都刻好痕并放回原处后,用螺钉安装110配线架,并开始进行端接(从第1条线缆开始)。

⑥ 在刻痕处向外最少15 cm处切割线缆,并将刻痕的外套剥掉。

⑦ 沿着110配线架的边缘将4对导线拉进前面的线槽中。

⑧ 拉紧并弯曲每一线对使其进入到索引条的位置中,用索引条上的高齿将一对导线分开,在索引条最终弯曲处提供适当的压力使线对的变形最小。

⑨ 当上面两个索引条的线对安放好,并使其就位及切割后,再进行下面两个索引条的线

对安置。在所有4个索引条都就位后,再安装110连接模块。

5. 110系列连接块的安装

110系列连接块上彩色标识顺序为蓝、橙、绿、棕、灰。3对连接块分别为蓝、橙、绿;4对连接块分别为蓝、橙、绿、棕;5对连接块分别为蓝、橙、绿、棕、灰。在25对的110系列配线架基座上安装时,应选择5个4对连接块和1个5对连接块,从左到右完成白区、红区、黑区、黄区和紫区的安装。该顺序与大对数电缆的色谱顺序是一致的,如图4-11所示。110系列连接块需要使用接线块配线工具进行安装,工具外型如图4-12所示。配线工具在进行线缆压紧操作时如图4-13所示。

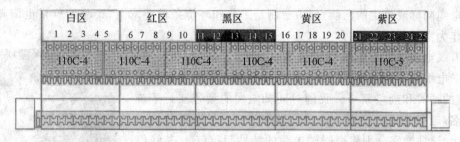

图4-11 连接块在25对110配线架基座上的安装顺序

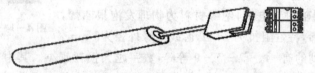

图4-12 多对线端接工具

图4-13 使用配线工具进行线缆压接操作

4.2 同轴电缆连接器

综合布线系统中除5类双绞线使用的较多外,还用到电视馈线,所用的同轴电缆也叫同轴射频电缆。同轴电缆一般由轴心重合的铜芯线、金属屏蔽网、绝缘体、铝复合薄膜和外护套5个部分构成。缆芯是一根实芯圆导线(内导体),内外导体之间由聚乙烯等绝缘物分隔(称为介质),在介质外裹一层金属铝箔。外导体由多根铜线编织成网,编织网一般选用64根铜丝,有的第二层铜丝网有100根。一般丝网密度高的为好,60根以上才算达标,有的铜丝表面再镀锡,如果编织网过于疏松,则同轴电缆性能会下降。铝复合薄膜和镀锡屏蔽网共同完成屏蔽与外导电的作用,其中铝复合薄膜主要完成屏蔽的作用,而镀锡屏蔽网则完成屏蔽与外导电双重作用。最外一层是塑料保护层,主要目的是减缓电缆的老化和避免损伤。内外导体的直径及介质结构决定了电缆的特性、阻抗及损耗。一般情况下,电缆越粗损耗越小,介质的间隙越多损耗越小。在同轴电缆的信号传输过程中,每百米电缆长度的信号电平损失大约 20 dB。同轴电缆的阻抗为 75 Ω。

依据对内、外导体间绝缘介质的处理方法不同,同轴电缆可分为以下四种。第一种是实芯同轴电缆。这种电缆的介电常数高,传输损耗大,属于早期生产的产品,目前已淘汰不用。在有线电视中应避免选用实芯电缆,如 SYV-75-5,这是因其损耗较大。第二种是藕芯同轴电缆。这种电缆的传输损耗比实芯电缆要小得多,但防潮防水性能差,以前使用较普遍,现在已不多见。第三种是物理发泡同轴电缆。这种电缆的传输损耗比藕芯电缆的还要小,且不易老化和受潮,是目前使用最广泛的同轴电缆。第四种是竹节同轴电缆。这种电缆具有与物理发泡同轴电缆同样或更优的性能,但由于制造工艺和环境条件要求高,产品的价格也偏高,因此一般仅作为主干传输线用。

在有线电视系统的不同位置或不同场合,应采用不同种类和规格的电缆,以尽量满足有线电视系统的技术指标要求。因此,电缆的种类和规格繁多。我国对同轴电缆的型号实行了统一的命名,通常它由 4 个部分组成。其中第二、三、四部分均用数字表示,这些数字分别代表同轴电缆的特性阻抗(Ω)、芯线绝缘的外径(mm)和结构序号。例如,型号为 SYWV-75-5 的同轴电缆的含义是:同轴射频电缆,绝缘材料为物理发泡聚乙烯,护套材料为聚氯乙烯,特性阻抗为 75 Ω,芯线绝缘外径为 5 mm。

图 4-14 同轴电缆型号标示

在有线电视中常用到的有-4、-5、-7、-9 等等,数字越大损耗越小。其中-4 用于不超过 5 m 的用户线。-7、-9 常用在工程项目中,而-5 是家庭装潢中有线电视常用的同轴电缆,起到信息传输和反相信息传输的作用。同轴电缆的型号标示如图 4-14 所示。

同轴电缆均可作为双向传输用。所谓双向,是指设备可以双向传输信号,如分支器和分配器等。如果设备附件是单向传输器件,那么同轴电缆也就起不到双向传输的目的。当传输距离较远时,如果要保证抗电磁辐射与干扰指标,则必须使用四屏蔽同轴电缆,这样传输效果会更好。在家庭装潢中,单根电缆的长度一般不会超过二三十米,实际上采用二屏蔽同轴电缆与采用四屏蔽同轴电缆的效果相差无几。

4.2.1 电视同轴电缆连接器的制作方法

首先剥去电缆的外层护套。在做这一步操作时,一定注意不要伤到屏蔽网,因为收视质量的好坏完全依赖于屏蔽网,如果镀锡屏蔽层损伤过大,会直接影响最终的收视结果。在工程量较多的时候,一定要注意不要只求速度不求质量。制作过程理想的状态应该如图 4-15 所示。然后将屏蔽层分散,外折如图 4-16 所示。

图 4-15 同轴电缆外护套的剥离

图 4-16　屏蔽层分散并外折

铝复合薄膜由于内层为绝缘层,一旦折翻过来,反而会影响正常导通,所以这一段铝复合薄膜需要剪掉。然后剥去芯线的绝缘层。剥的时候需要注意,芯线长度应该和插头的芯长一致,如图 4-17 所示。

图 4-17　芯线长度应该和插头的芯长一致

接好插头,将铜芯用固定螺丝拧紧,并检查屏蔽层固定器是否与金属屏蔽丝良好接合,如图 4-18 中黑圈处所示。屏蔽层固定器在这里的作用是至关重要的,除了起到固定金属屏蔽丝的作用外,同时还是屏蔽层与插头的金属外壳相连接的桥梁,如图 4-18 中黑圈处所示。插头的金属外壳再与电视卡天线接口的金属外壳相接,连入电视卡的地。至此,一条完整的屏蔽通道完成,镀锡屏蔽网的外导电作用得以真正发挥。

图 4-18　注意镀锡屏蔽网的外导电作用

最后,将插头拧紧,插头拧的牢固程度很重要。如果前面各步骤做得都非常好,绝缘层剥的也很够水平,金属屏蔽网也基本没有损伤,但使用效果就是不理想。往往动一动接线画面会突然变得很清晰,可手一松又不行了,问题就是由于插头没有拧紧,如图 4-19 所示。

像图 4-19 所示中这种松松地旋上几扣的做法,屏蔽层固定器与金属屏蔽网的结合肯定是似接非接,动一动线效果变好、手一松效果又不好了的现象也就不足为怪了。所以,最后一道工序也一定要做到位,千万别因为一点小小的疏忽而前功尽弃。制作好的标准插头如图 4-20 所示。

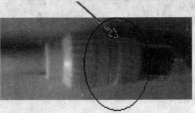

图 4-19 插头的上下盖没有拧紧

图 4-20 制作好的标准插头

4.2.2 粗同轴电缆连接器的制作方法

在综合大楼的布线工程中,如商场、宾馆、机场、码头、车站、体育馆、娱乐厅、地铁、隧道、高速公路、海岛等场所,为提高通信质量,优化网络结构,需要在上述场所安装移动通信直放站,以解决无线通信基站信号难以覆盖的盲区和弱区等问题。通常用综合布线系统把室外移动通信信号源发出的射频信号经过同轴电缆传输到耦合器、功分器和室内天线,将信号均匀地分配到要覆盖区域的每一个角落,进行移动通信的室内延伸覆盖。

N 系列射频同轴连接器是一种中型螺纹锁紧式连接器,使用频带宽,功率容量大,连接可靠,机械电气性能优越。该产品广泛用于武器系统、微波通讯设备之中,连接部件如图 4-21 所示。

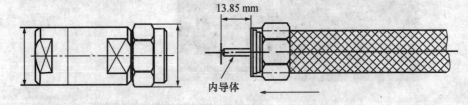

图 4-21 N 系列同轴电缆连接器

4.2.3 射频同轴电缆安装要求

射频同轴电缆安装要求如下:
① 馈线、功分器、耦合器等元器件必须按照设计文件要求布放安装牢固。
② 在馈线头制作后,与功分器、耦合器等元器件连接时馈线头不能有松动。
③ 走线必须横平竖直,不能有交叉、扭曲、裂损等情况。
④ 当馈线需要弯曲时,弯曲半径应符合最大弯曲半径要求,角度保持圆滑,如果馈线弯曲

部分是裸露在外面,要求在该部分套软管。

⑤ 馈线无论在吊顶上还是线井内都要用扎带或线卡固定,墙上线卡固定两点间距离不大于 80 cm。馈线末端扎线距设备大于 60 cm,小于 80 cm。

⑥ 馈线应尽量在线井和天花吊顶内部布放,尽量避免馈线同消防管道或强电线槽一起走线,若没有别的走线路径,非要和强电线槽一同走线,要将馈线套上 PVC 管并且放在强电线格外侧,绝对不能在强电线槽内走线。

⑦ 所有的馈线接头都得包上防水胶带。墙孔应用防水、阻燃的材料进行密封,并且保持墙孔的原样。

⑧ 暴露缆线通过高档房间区域、主机房、地下室、车库等,要用软金属管、PVC 管或走线槽,并注意整齐美观,其转弯处要使用软管、蛇皮管或金属管连接。

⑨ 每根馈线的两端都应贴正规标签。

4.2.4 分支器、分配器和终结器

分支器、分配器是同轴电缆网络系统中最常用的部件。有线电视端口的安装必须经分支器或分配器后将电视信号按比例定向地分配到各电视机插座,同时隔离每个插座之间的信号干扰,而不能简单地采用与其他家用电器插座并接的方法。

(1) 电视分支器原理

分支器实际是一种定向信号传输器件,内部装有定向耦合器,具有一分支器、二分支器、四分支器、八分支器等多种类型。分支器把一部分信号能量定向传送到分支端口(TAB),而余下的信号经输出端口(OUT)送往下一个分支器或分配器。分支器有良好的相互隔离性能和反向隔离性能,而且分支能量可控制,称之为耦合量,每种类型又有多种规格。4~30 dB 的耦合量能满足工程上的需要,在家庭装潢中常采用 4 dB、6 dB 的一分支器代替二分配器,8 dB 或 12 dB 的二分支器代替三分配器。当分配路数更多时,或发生变化需求增加路数时,采用分支器加分配器的方式更合理。

(2) 电视分配器原理

电视分配器是利用内部结构的电容和小磁性线圈,把通过分配器的电平信号适当衰减以增加稳定,使每个输出端口达到一定的损耗标准。在系统中总希望接入分配器损耗越小越好。分配损失 L_s 的多少和分配路数 n 的多少有关,在理想情况下,$L_s = 10 \lg n$,当 $n=2$ 时,二分配器分配损失为 3 dB。实际上除了等分信号的损失外,还有一部分是由于分配器件本身的衰减,所以实际值总比计算值要大。如二分配器分配损耗工程上常取值 3.5 dB,四分配器损失常取值 8 dB。相互隔离亦称分配隔离。如果在分配器的某一个输出端加入一个信号,该信号电平与其他输出端信号电平之差即是相互隔离,一般要求分配器输出端隔离度大于 20 dB 以上。分配器输出端隔离度越大,则表示分配器各输出端之间的相互影响干扰越小。

总之,分配路数越多,电缆越长,分到的信号就越小。为保证电平信号的稳定性,使输出端口保持正常的电平接收信号,一般从有线台的机房(称为前端)至小区采用光缆传输,进入小区之后采用同轴电缆传输。从前端一直到用户终端的标准输出电平信号为 70 dB±5 dB,允许有一定的电平信号变化,范围在 60~85 dB 之间。

选择电视分配器与电视分支器时,可事先用场强仪从电视终端接口测得电平信号。用反推计算,再查阅分支器分接损耗值的办法,选配合适的分支器与分配器,以减小电平输入的误

差值。

安装电视信号用的电视分配器和电视分支器有多种规格。分支器、分配器的内部是由一种叫"传输线变压器结构"的小磁性线圈构成的。当用万用表电阻档测各端口与外壳之间电阻时,发现呈开路或短路状态,所以不能用万用表来判别分支器、分配器的好坏。分配器、分支器的工作频率有多种,凡是从5 MHz开始的器件均是双向传输器件,常用的有5～600 MHz、5～1 000 MHz、950～2 050 MHz、950～2 300 MHz等。从实用性讲,5～600 MHz的规格已可以用,而且价格低。凡是从40 MHz开始的器件均是单向器件,不能进行双向信息传输,还有的器件标明是VHF、UHF或全频道字样,这些器件均是单向器件。极少数价格很低的产品,可能内部并没有线圈,应避免采用。

在有的产品上还标有EMI指标,即抗电磁干扰辐射。因为飞机的导航系统和有线传输的信号系统有相互接近的电磁波长,严重时甚至会导致机毁人亡。所以现在有些分配器或分支器上有EMI标志,分支器、分配器上凡印有EMI英文字样的为通过美国通信安全认证。一般大于90 dB的产品已足够家庭使用了,大于110 dB的产品均是工程级使用的优秀产品。在电视信号分路时采用分支器比分配器能得到更好的效果。

(3) 终结器原理

终结器是同轴电缆中的最后部分,如图4-22所示,用于电缆的末端。如果同轴电缆的各段端部没有硬用终结器,传输的信号会在电缆端部形成"回声"信号,从而造成影子分组。影子分组会造成网络传输量增加,从而影响传输速度,还可能与正常分组混淆而造成数据冲突。在各电缆段的端部使用终结器可以保证信号到达电缆尽头时被销毁。注意,终结器一般用于50 Ω或75 Ω的电缆。

图4-22 终结器

4.2.5 分支器安装要点

① 安装位置离进线电缆越近越好,避免潮湿。

② 同轴电缆安装时应顺势松开,绝对避免扭曲、缠绕,以保持电缆的同心度。

③ 室内布线有长有短,短线应接分支端口(TAP),长线应接输出口(OUT),进线接输入口(IN),这样分配的信号均匀。由于信号定向传输,若接反了则不能达到分路目的。当分路数目多时,可以采用四分配器或四分支器,也可以采用二分支器加分配器的形式,其具体接法如下:进线电缆接分支器输入端(IN),分支器输出端(OUT)接分配器的输入端(IN),其余端口通过电缆至电视机终端面板。分配器和分支器与电缆连接时要用F型连接器(电缆接头),安装终端面板时建议采用全屏蔽高压电容式终端。

4.3 传输通道施工

综合布线系统为了保护、隐藏或引导布线,一般用导线槽、导线管和导线架3种方式作为布线路径依托。电缆、光缆需要通道的保护支撑和引导,因此传输通道的施工是综合布线的基础工作。

4.3.1 路径选择

两点间最短的距离是直线,布线目标就要寻找最短和最便捷的路径。然而敷设电缆的具体布线工作不容易实现,即使找到最短的路径,也不一定就是最佳的便捷路径。在选择布线路径时,要考虑便于施工,便于操作。

如果所做的布线方案不是很好,则应换一种思路选择另一种布线方案。在某些场合,没有更多的选择余地。例如,一个潜在的路径可能被其他线缆塞满了,第二路径又没有可通过的天花板,也就是说,这两种路径都不可能实现。这就要考虑安装新的管道,但由于成本费用问题,用户又不同意。这时,只能采用布明线,将线缆固定在墙上和地板上。总之,如何布线要根据建筑结构及用户的要求来决定,选择好的路径,布线人员要考虑以下几点:

(1) 了解建筑物的结构

对布线施工人员来说,需要彻底了解建筑物的结构。由于绝大多数的线缆是走地板下或天花板,故对地板和吊顶内的情况了解得要很清楚,就是说要准确地知道,什么地方能布线,什么地方不易布线,并向用户方说明。

现在绝大多数的建筑物设计是规范的,并为强电布线和弱电布线分别设计了通道和电缆上升房。利用这种环境时,也必须了解走线的路径,并为确定的路径做出标记。

(2) 检查拉(牵引)线

对于现存的已经预埋在建筑物中的管道,安装任何类型的线缆之前,都必须检查有无拉线。拉线是某种细绳,它沿着要布放线缆的路径在管道中安放好。拉线必须是路径的全长,绝大多数的管道安装者都为后继的安装者留下一条拉线,使线缆布放容易进行。如果没有拉线,则首先考虑穿接线问题,管道是否通畅和是否需要疏通管道等问题。

(3) 确定现有线缆的状况

如果布线的环境是一座旧楼,则需要了解旧线缆布放的现状,已用的是什么管道,这些管道是如何走向的。了解这些有助于为新的线缆建立路径,在某些情况下可以利用原来的路径。

(4) 提供线缆支撑

根据安装情况和线缆的长度,要考虑使用托架或吊杆槽,并根据实际情况决定托架吊杆,使新安装的电缆加在原有结构上的重量不致于超重。

4.3.2 管槽可放线缆的条数

布线路径确定以后,首先考虑的是线槽敷设。布线系统中除了线缆外,槽和管是一个重要的组成部分。金属槽、PVC 槽、金属管和 PVC 管是综合布线系统的基础性材料,在综合布线系统中使用线槽主要有以下几种情况:

> 金属槽和附件;

> 金属管和附件;

> PVC 塑料槽和附件;

> PVC 塑料管和附件。

选槽时,建议宽高之比为 2∶1,这样安装的线槽较为美观、大方。在工作区的水平布线和垂直干线敷设槽(管)时,表 4-2 可以作为槽或管的规格选择及可容纳线缆条数的参考。

表 4−2　管规格型号与容纳的双绞线条数

管类型	管规格/mm	容纳双绞线条数
PVC、金属	16	2
PVC	20	3
PVC、金属	25	5
PVC、金属	32	7
PVC	40	11
PVC、金属	50	15
PVC、金属	63	23
PVC	80	30
PVC	100	50
PVC	20×1.2	2
PVC	25×12.5	4
PVC	30×16	7
金属、PVC	50×25	18
金属、PVC	60×30	23
金属、PVC	75×50	40
金属、PVC	80×50	50
金属、PVC	100×50	60
金属、PVC	100×80	80
金属、PVC	200×100	150
金属、PVC	250×125	230
金属、PVC	300×100	280
金属、PVC	300×150	330
金属、PVC	400×100	380
金属、PVC	150×75	100

4.3.3　金属管和塑料管

综合布线系统中明敷或暗敷管路是系统常用的一种辅助布线设施,有时把它称为管道系统或管路系统。采用的材料有钢管、塑料管、室外用的混凝土管及高密度乙烯材料制成的双壁波纹管。

金属管用于分支结构或暗埋的线路,它的规格有多种,以外径 mm 为单位,工程施工常用的金属管有 D16、D20、D25、D32、D40、D50、D63、D25、D110 等规格。

在金属管内穿线比线槽布线难度大一些,选择金属管时要注意管径选择大一点,一般使内填充物占 30% 左右,以便于穿线。金属管还有一种是软管,俗称蛇皮管,供弯曲的地方使用。

塑料管产品分为两大类,即 PE 阻燃导管和 PVC 阻燃导管。PE 阻燃导管是一种塑制半硬导管,按外径划分有 D16、D20、D25、D32 四种规格。外观为白色,具有强度高、耐腐蚀、挠性好、内壁光滑等优点,明、暗装穿线兼用。PE 阻燃导管以盘为单位,每盘质量为 25 kg。

PVC 阻燃导管是以聚氯乙烯树脂为主要原料,加入适量的助剂,经加工设备挤压成型的刚性导管,小管径 PVC 阻燃导管可在常温下进行弯曲,便于用户使用。PVC 阻燃导管按外径划分有 D16、D20、D25、D32、D40、D45、D63、D25、D110 等规格。

与 PVC 管安装配套的附件有接头、螺圈、弯头、弯管弹簧、一通接线盒、二通接线盒、三通接线盒、四通接线盒、开口管卡、专用截管器和 PVC 粘合剂等。

用于固定管路的有管卡、塑料膨胀螺栓、钢制膨胀螺栓等。

4.3.4 金属管及 PVC 塑料管的敷设

1. 金属管的要求

金属管应符合设计文件的规定,表面不应有穿孔、裂缝和明显的凹凸不平,内壁应光滑,不允许有锈蚀。在易受机械损伤的地方和在受力较大处直埋时,应采用足够强度的管材。

金属管的加工应符合下列要求:

① 为了防止在穿电缆时划伤电缆,管口应无毛刺和尖锐棱角。

② 为了减小直埋管在沉陷时管口处对电缆的剪切力,金属管口宜做成喇叭形。

③ 金属管在弯制后,不应有裂缝和明显的凹瘪现象。弯曲程度过大,将减小金属管的有效管径,造成穿设电缆困难。

④ 金属管的弯曲半径不应小于所穿入电缆的最小允许弯曲半径。

⑤ 镀锌管锌层剥落处应涂防腐漆,可增加使用寿命。

2. 金属管切割套丝

在配管时,应根据实际需要长度对管子进行切割。管子的切割可使用钢锯、管子切割刀或电动切管机,严禁用气割。

管子和管子连接,管子和接线盒或配线箱的连接,都需要在管子端部进行套丝。焊接钢管套丝可以用管子绞板套丝或电动套丝机。硬塑料管套丝可以用圆丝板。套丝时,先将管子在管子压力架上固定压紧,然后再套丝。如果利用电动套丝机,可以提高工效。套完丝后,应随时清扫管口,将管口端面和内壁的毛刺用挫刀挫光,使管口保持光滑,以免割破线缆绝缘护套。

3. 金属管弯曲

在敷设金属管时应尽量减少弯头。每根金属管的弯头不应超过 3 个,直角弯头不应超过 2 个,并且不应有 S 弯出现。弯头过多,将造成穿电缆困难。对于较大截面的电缆,不允许有弯头。当实际施工不能满足要求时,可采用内径较大的管子或在适当部位设置拉线盒,以利于线缆的穿设。

金属管的弯曲一般都用弯管器进行。先将管子需要弯曲部位的前段放在弯管器内,焊缝放在弯曲方向背面或侧面,以防管子弯扁。然后用脚踩住管子,手扳弯管器进行弯曲,并逐步移动弯管器,可得到所需要的弯度。弯曲半径应符合下列要求。

① 明配时,弯曲半径一般不小于管外径的 6 倍;只有一个弯时,可不小于管外径的 4 倍;整排钢管在转弯处,宜弯成同心圆的弯。

② 暗配时,弯曲半径不应小于管外径的 6 倍,敷设于地下或混凝土楼板内时,不应小于管外径的 60 倍。

为了穿线方便,水平敷设的金属管路超过下列长度并弯曲过多时,中间应增设拉线盒或接线盒,否则应选择大一级的管径。

- 管子无弯曲时,长度可达 45 m;
- 管子有 1 个弯时,直线长度可达 30 m;
- 管子有 2 个弯时,直线长度可达 20 m;
- 管子有 3 个弯时,直线长度可达 12 m。

当管子直径超过 50 mm 时,可用弯管机或热煨法弯管。暗管管口应光滑,并加有绝缘套管,管口伸出部位应为 25~50 mm。

4. 金属管连接要求

金属管连接应牢固,密封应良好,两管口应对准。套接的短套管或带螺纹的管接头的长度不应小于金属管外径的 2.2 倍。金属管的连接采用短套接时,施工简单方便;采用管接头螺纹连接则较为美观,可保证金属管连接后的强度。无论采用哪一种方式,均应保证牢固、密封。

金属管进入信息插座的接线盒后,暗埋管可用焊接固定,管口进入盒的露出长度应小于 5 mm。明设管应用锁紧螺母或管帽固定,露出锁紧螺母的丝扣为 2~4 扣。

引至配线间的金属管管口位置,应便于与线缆连接。并列敷设的金属管管口应排列有序,便于识别。

5. 金属管敷设

(1) 金属管暗设时的要求

① 预埋在墙体中间的金属管内径不宜超过 50 mm,楼板中的管径宜为 15~25 mm,直线布管 30 m 处设置暗线盒。

② 敷设在混凝土、水泥里的金属管,其地基应坚实、平整和不应有沉陷,以保证敷设后的线缆安全运行。

③ 金属管连接时,管孔应对准,接缝应严密,不得有水和泥浆渗入;管孔对准无错位,以免影响管路的有效管理,保证敷设线缆时穿设顺利。

④ 在室外金属管道应有不小于 0.1% 的排水坡度。

⑤ 建筑群之间金属管的埋设深度不应小于 0.8 m,在人行道下面铺设时,不应小于 0.5 m。

⑥ 金属管内应安置牵引线或拉线。

⑦ 金属管的两端应有标记,表示建筑物、楼层、房间和长度。

(2) 金属管明敷时的要求

金属管应用卡子固定,这种固定方式较为美观,且在需要拆卸时方便拆卸;金属的支持点间距,有要求时应按照规定设计,无设计要求时不应超过 3 m;在距接线盒 0.3 m 处,要加管卡将管子固定;在弯头的地方,弯头两边也应用管卡固定。

(3) 光缆与电缆同管敷设时的要求

光缆与电缆同管敷设时,应在暗管内预置塑料子管。将光缆敷设在塑料子管内,使光缆和电缆分开布放。子管的内径应为光缆外径的 2.5 倍。

PVC 管一般是在工作区暗埋线管,操作时要注意两点:

① 管转弯时,弯曲半径要大,便于穿线。

② 管内穿线不宜太多,要留有 50% 以上的空间。一根管子宜穿设一条电缆。管内穿放大对数的电缆时,直线管路的管径利用率宜为 50%~60%,弯管路的管径利用率宜为 40%~50%。

4.3.5 金属槽和塑料槽

槽道由多种外形和结构的零部件、连接件、附件和支、吊架等组成,金属槽由槽底和槽盖组成。每根槽一般长度为 2 m,槽与槽连接时使用相应尺寸的铁板和螺丝固定主要的部件。

直线段又称直通段,它是指一段不能改变方向、尺寸和截面积的用于直接承托(电)光缆的刚性直线段基本部件。

弯通又称弯通段,它是一段改变方向、尺寸和截面积的用于直接承托(电)光缆的刚性非直线段基本部件,弯通有折弯形和圆弧形,常见的弯通部件有以下几种。

① 水平弯通,在同一个水平面改变托盘、梯架方向的部件,分为 30°、45°、60°和 90°四种形式。

② 水平三通,在同一个水平面上以 90°分开 3 个方向(成丁字形)连接托盘、梯架的部件,分为等宽和变宽两种形式。

③ 水平四通,在同一个水平面上以 90°分开 4 个方向(成十字形)连接托盘、梯架的部件,分为四种形式。

④ 上弯管,使连接托盘、梯架从水平面改变方向向上连接的部件,分为 30°、45°、60°和 90°四种形式。

⑤ 下弯管,使连接托盘、梯架从水平面改变方向向下连接的部件,分为 30°、45°、60°和 90°四种形式。

⑥ 垂直三通,在同一垂直面以 90°分开三个方向连接托盘、梯架的部件,分为等宽和变宽两种形式。

⑦ 垂直四通,在同一垂直面以 90°分开四个方向连接托盘、梯架的部件,分为等宽和变宽两种形式。

⑧ 变径直通,在同一平面上连接不同宽度和高度的连接托盘、梯架的部件。

槽道的连接件和附件较多,它们是槽道连接的重要部件,具有品种繁杂、数量较多和涉及面广的特点。

连接件包括调宽片、调高片、调角片、隔板和护罩等,是电缆桥架安装中的变宽、变高、连接、水平和垂直走向中的小角度转向、动力电缆与控制电缆的分隔等必需的附件。

附件这一部分主要包括各种电缆、管缆卡子和连接、紧固螺栓等电缆桥架安装中所需的通用附件。附件部分中所有连接、紧固螺栓和电缆卡子全部镀锌,其他槽板、花盘角铁表面处理分有静电喷塑、镀锌、烘漆三种。

槽道的其他部件品种较多,主要用来支承槽道或悬吊的部件,又称支架或吊架。它们直接支承或吊挂固定安装托盘或梯架。通常有托壁、立柱、吊架和其他固定支架等几种形式。

在综合布线系统中一般使用的金属槽的规格有 50 mm×100 mm、100 mm×100 mm、100 mm×200 mm、100 mm×300 mm 和 200 mm×400 mm 等。

塑料槽从型号上讲有 PVC-20 系列、PVC-25 系列、PVC-25F 系列、PVC-30 系列、PVC-40 系列和 PVC-40Q 系列等,从规格上讲有 20 mm×12 mm、25 mm×12.5 mm、25 mm×25 mm、30 mm×15 mm 和 40 mm×20 mm 等。

与 PVC 槽配套的附件有阳角、阴角、直转角、平三通、左三通、右三通、连接头、终端头和接线盒(暗盒、明盒)等。

4.3.6 线槽的敷设

1. 线槽安装要求

安装线槽应在土建工程基本结束以后,可以与其他管道,如风管、给排水管同步进行。在整座大楼的所有管线中,综合布线毕竟是弱者,不过迂回的机动性较大,可以比其他管道稍迟一段时间安装,但尽量避免在装饰工程结束以后进行安装,以免造成敷设线缆的困难。安装线槽应符合下列要求。

① 线槽安装位置应符合施工图规定,左右偏差视环境而定,最大不超过 50 mm。
② 线槽水平度每米偏差不应超过 2 mm。
③ 垂直线槽应与地面保持垂直,并无倾斜现象,垂直度偏差不应超过 3 mm。
④ 线槽节与节间用接头连接板拼接,螺丝应拧紧,两线槽拼接处水平偏差不应超过 2 mm。
⑤ 当直线段桥架超过 30 m 或跨越建筑物时应有伸缩缝,其连接宜采用伸缩连接板。
⑥ 线槽转弯半径不应小于其槽内的线缆最小允许弯曲半径的最大者。
⑦ 盖板应紧固,并且要错位盖槽板。
⑧ 支吊架应保持垂直、整齐、牢固和无歪斜现象。

为了防止电磁干扰,宜用辫式铜带把线槽连接到其经过的设备间或楼层配线间的接地装置上,并保持良好的电气连接。

2. 水平子系统线缆敷设支撑保护

(1) 预埋金属线槽支撑保护要求

① 在建筑物中预埋线槽可为不同的尺寸,按一层或两层设置,至少预埋两根以上,线槽截面高度不宜超过 25 mm。
② 线槽直埋长度超过 15 m 或在线槽路由交叉和转弯时宜设置拉线盒,以便布放线缆盒时维护。
③ 拉线盒盖应能开启,并与地面齐平,盒盖处应能开启,并采取防水措施。
④ 线槽宜采用金属管引入分线盒内。

(2) 设置线槽支撑保护要求

① 水平敷设时,支撑间距一般为 1.5~2 m;垂直敷设时,固定在建筑物构上的间距宜小于 2 m。
② 金属线敷铺设在线槽接头处,间距为 1.5~2 m,离开线槽两端口 0.5 m 处和转弯处设置支架或吊架。塑料线槽固定点间距一般为 1 m。
③ 在活动地板下敷设线缆时,活动地板内净高不应小于 150 mm。如果活动地板内作为通风系统的风道使用时,地板内净高不应小于 300 mm。
④ 采用公用立柱作为吊顶支撑柱时,可在立柱中布放线缆,立柱支撑点宜避开沟槽和线槽位置,支撑应牢固。
⑤ 在工作区的信息点位置和线缆敷设方式未定的情况下,或在工作区采用地毯下布放线缆时,在工作区宜设置交接箱,每个交接箱的服务面积约为 80 m^2。
⑥ 不同种类的线缆布放在金属线槽内时,应同槽分室或用金属板隔开布放。
⑦ 采用格形楼板和沟槽相结合的方式时,敷设线缆支槽保护要求如下:

➢ 沟槽和格形线槽要沟通。

- 沟槽盖板可开启,并与地面齐平,盖板和信息插座出口处应采取防水措施。
- 沟槽的宽度宜小于 600 mm。

3. 干线子系统的线缆敷设支撑保护

① 线缆不得布放在电梯或管道竖井这样开放式的管道中。
② 干线通道间应沟通。
③ 弱电间的线缆穿过每层楼板的孔洞宜为方形或圆形,孔的边沿要高出地面 20 mm;长方形孔尺寸不宜小于 300 mm×100 mm,圆形孔洞处应至少够安装三根圆形钢管,管径不宜小于 100 mm。
④ 建筑群干线子系统线缆敷设支撑保护应符合设计要求。

4. 塑料槽敷设

塑料槽的安装规格有多种,塑料槽的敷设从原理上讲类似金属槽,但操作上还有所不同,具体表现为以下 3 种方式。

① 在天花板吊顶打吊杆或采用托式桥架敷设。
② 在天花板吊顶外采用托架桥架敷设。
③ 在天花板吊顶外采用托架加配定槽敷设。

采用托架时,一般在 1 m 左右安装一个托架。固定槽时一般在 1 m 左右安装固定点。固定点是指把槽固定的地方,根据槽的大小进行安装。

① 25mm×20mm~25mm×30mm 规格的槽,一个固定点应有 2~3 个固定螺丝,并水平排列。
② 25mm×30mm 以上规格的槽,一个固定点应有 3~4 固定螺丝,呈梯形状,使槽受力点分散分布。
③ 除了固定点外,应每隔 1 m 左右钻 2 个孔,用双绞线穿入,待布线结束后,把所布的双绞线捆扎起来。

水平干线布槽和垂直干线布槽的方法是一样的,差别在一个是横布槽一个是竖布槽。在水平干线与工作区交接处不易施工时,可采用金属软管(蛇皮管)或塑料软管连接。

4.3.7 桥架的敷设

金属桥架多由厚度为 0.4~1.5 mm 的钢板制成,与传统桥架相比,具有结构轻、强度高、外型美观、无须焊接、不易变形、连接款式新颖和安装方便等特点,它是敷设线缆的理想配套装置。

金属桥架分为槽式和梯式两类。槽式桥架是指由整块钢板弯制成的槽形部件;梯式桥架是指由侧边与若干个横档组成的梯形部件。桥架附件是用于直线段之间、直线段与弯通之间连接所必需的连接固定或补充直线段和弯通功能的部件。支、吊架是指直接支承桥架的部件,它包括托臂、立柱、立柱底座、吊架以及其他固定用支架。

为了防止金属桥架腐蚀,其表面可采用电镀锌、烤漆、喷涂粉末、热浸镀锌、镀镍锌合金纯化处理或采用不锈钢板。可以根据工程环境、重要性和耐久性,选择适宜的防腐处理方式。一般腐蚀较轻的环境可采用镀锌冷轧钢板桥架。腐蚀较强的环境可采用镀镍锌合金纯化处理桥架,也可采用不锈钢桥架。综合布线中所用线缆的性能对环境有一定的要求。为此,在工程中常选用有盖无孔型槽式桥架(简称线槽)。

桥架分为普通型桥架、重型桥架和槽式桥架。在普通桥架中还可分为普通型桥架和直边普通型桥架。

在普通桥架中，有以下主要配件供组合：梯架、弯通、三通、四通、多节二通、凸弯通、凹弯通、调高板、端向联结板、调宽板、垂直转角联接件、联结板、小平转角联结板和隔离板等。

在直边普通型桥架中有以下主要配件供组合：梯架、弯通、三通、四通、多节二通、凸弯通、凹弯通、盖板、弯通盖板、三通盖板、四通盖、凸弯通盖板、凹弯通盖板、花孔托盘、花孔弯通、花孔四通托盘、联结板垂直转角联结扳、小平转角联结板、端向联结板护扳、隔离板、调宽板和端头挡板等。

重型桥架和槽式桥架在网络布线中很少使用，故不再叙述。常用的桥架样式有以下五种。

① 有孔托盘式槽道，简称托盘式桥架或托盘式槽道。它是由带孔洞眼的底板和无孔洞眼的侧边所构成的槽形部件，或采用由整块钢板冲出底板的孔眼后按规格弯成槽形的部件。它适用于敷设环境无电磁波干扰，不需要屏蔽接地的地段，或环境干燥清洁、无灰、无烟等不会污染或要求不高的一般场合。

② 无孔托盘式槽道，简称槽式桥架或槽式槽道。无孔托盘式槽道与有孔托盘式槽道的主要区别是底板无孔洞眼，它是由底板和侧边构成或由整块钢板弯制成的槽形部件，因此有时称它为实底型电缆槽道。这种无孔托盘式槽道如配有盖时，就成为一种全封闭型的金属壳体，它具有抑制外部电磁干扰、防止外界有害液体、气体和粉尘侵蚀的作用。因此，适用于需要屏蔽电磁干扰或防止外界各种气体或液体等侵入的场合。

③ 梯架式槽道，又称梯级式桥梁，简称梯式桥架。它是一种敞开式结构，由两个侧边与若干个模档组装构成梯形部件，与布线机柜/机架中常用的电缆走线架的形式和结构类似。因为它的外面没有遮挡，是敞开式部件，因此在使用上有所限制，适用环境干燥清洁或无外界影响的一般场合，不得用于有防火要求的区段，或易遭受外界机械损害的场所，更不得在有腐蚀性液体、气体或有燃烧粉尘等场合使用。

④ 组装式托盘槽道，又称为组装式托盘、组合式托盘或组装式桥梁。组装式桥架槽道是一种适用于工程现场，可以任意组合的若干有孔零部件，且用配套的螺栓或插接方式，连接组装成为托盘的槽道。组装式托盘槽道具有组装规格多样、灵活性大、能适应各种需要等特点。因此，它一般用于电缆条数多、敷设线缆的截面积较大、承受荷载重，且具有成片安装固定空间的场合。组装式托盘槽道通常是单层安装，它比多层的普通托盘槽道的安装施工简便，并且有利于检修缆线。这种组装式托盘槽道在一般建筑物中很少采用，只有在特大型或重要的大型智能建筑中设有设备层或技术夹层，且敷设的缆线较多时才采用。

⑤ 大跨距电缆桥架，其在布线项目中很少用到。大跨距电缆桥架比一般电缆桥架的支撑跨度大，且由于结构上设计精巧，因而与一般电缆桥梁相比具有更大的承载能力。大跨距电缆桥架不仅适用于炼油、化工、纺织、机械、冶金、电力、电视和广播等厂矿企业的室内外电缆架空的敷设，也可作为地下工事。例如地铁、人防工程的电缆沟和电缆隧道内支架等。

大跨距电缆桥架包括大跨距的梯架、托盘、槽式、重载荷梯架和相应型号的连接件，并备有盖板。而且它的高度有 60 mm、100 mm 和 150 mm 三种，长度有 4 m、6 m 和 8 m 三种，也可根据工程需要任意确定型式、高度、宽度和长度。大跨距电缆桥架表面处理分塑料喷涂、镀锌、喷漆等，在重腐蚀性环境中，可选用镀锌后再喷涂处理。

⑥ 非金属材料槽道，也称桥架，采用非金属材料，有塑料和复合玻璃钢等多种。其中塑料

槽道规格尺寸均较小。不燃烧的复合玻璃钢槽道应用较广,分为有孔托盘、无孔托盘、桥架式和通风式4种。

对于缆线的通道敷设方式,在新建或扩建的建筑中应采用暗敷管路或槽道,又称桥架的方式。一般不宜采用明敷管槽方式,以免影响内部环境美观,不能满足使用要求。若原有建筑物进行改造需增设综合布线系统时,可根据工程具体情况,采用暗敷系统或明敷管槽系统。

桥架及金属槽的敷设目的一样,是为了托住电缆走线。安装时根据实际环境进行固定。注意拧好每一个螺栓和连接配件,不能马虎,更不能少上螺栓或偷工减料。工艺上讲究横平竖直,使用铅垂线和水平直尺是保证质量的最好检验工具。

4.4 线缆敷设

在架设好桥架、管和槽等线缆支撑系统后,就可以考虑实施电缆的布放。布线看起来简单,但在宏观上却体现了工艺水平,决定了工程质量。同样的网络因工程工艺不一样,带来的结果是截然不同的。有的网络网速上不去,甚至时常掉线,就与网络布线时电缆参数被改变有关。

允许综合布线的电缆、电视电缆、火灾报警电缆与监控系统电缆合用金属电缆桥架,但要与电视电缆用金属隔板分开。布线要注意以下几个环节。

1. 布线施工人员的安全要求

① 穿着合适的服装。
② 使用安全的工具。
③ 保证工作区的安全。
④ 制定施工安全措施。

2. 线缆布放的一般要求

(1) 线缆布放前应核对规格、程式、路由及位置是否与设计规定相符合。
(2) 布放的线缆应平直,不得产生扭绞和打圈等现象,更不能受到外力挤压和损伤。
(3) 在布放前,线缆两端应贴有标签,标明起始和终端位置以及信息点的标号,标签书写应清晰、端正和正确。
(4) 信号电缆、电源线、双绞线缆、光缆及建筑物内其他弱电线缆应分离布放。
(5) 布放线缆应有冗余。在二级交接间和设备间双绞电缆预留长度一般为3~6 m,工作区为0.3~0.6 m。特殊要求的应按设计要求预留。
(6) 布放线缆,在牵引过程中吊挂线缆的支点相隔间距不应大于1.5 m。
(7) 线缆布放过程中为避免受力和扭曲,应制作合格的牵引端头。如果采用机械牵引,应根据线缆布放环境、牵引的长度和牵引张力等因素选用集中牵引或分散牵引等方式。

3. 放线步骤

① 从线缆箱中拉线。
② 除去塑料塞。
③ 通过出线孔拉出数米的线缆。
④ 拉出所要求长度的线缆割断它,将线缆滑回到槽中留数厘米伸出在外面。
⑤ 重新插上塞子以固定线缆。

4. 线缆处理（剥线）

① 使用斜口钳在塑料外衣上切开"1"字型的长缝。

② 找出尼龙的扯绳也称剥离线。

③ 将电缆紧握在一只手中，用尖嘴钳夹紧尼龙扯绳的一端，并把它从线缆的一端拉开，拉的长度根据需要而定。

④ 割去无用的电缆外衣。

另外一种方法是利用切环器剥开电缆。

有的电缆布放是单独占用管线，有的则是需要和不同途径不同路由的电缆共同使用同一条管线，特别是几根电缆要共同穿越同一根管线时，最好同时一起穿越，否则要在管内留有拉线，以便今后要穿越的电缆穿线使用，同时还要留有一定的空间。

5. 布线施工中应注意的问题

① 当电缆在两个终端有多余的电缆时，应按照需要的长度将其剪断，而不应将其卷起并捆绑起来。

② 电缆接头处反缠绕开的线段的长度不应超过 2 cm，如果过长会引起较大的近端串扰。

③ 在接头处，电缆的外保护层需要压在接头中而不能在接头外。因为当电缆受到外界的拉力时受力的是整个电缆，否则受力的是电缆和接头连接的金属部分。

④ 在电缆接线施工时，电缆的拉力是有一定限制，一般为 88 N 左右。过大的拉力会破坏电缆对绞的匀称性。

4.4.1 一般电缆的敷设方式

1. 采用电缆桥架、线槽和预埋钢管结合的方式

① 电缆桥架宜高出地面 2.2 m 以上，桥架顶部距顶棚或其他障碍物不应小于 0.3 m，桥架宽度不宜小于 0.1 m，桥架内横断面的填充率不应超过 50%。

② 在电缆桥架内缆线垂直敷设时，缆线的上端应每间隔 1.5 m 左右固定在桥架的支架上。水平敷设时在缆线的首、尾和拐弯处及直线段每间隔 2～3 m 处进行固定。

③ 电缆线槽宜高出地面 2.2 m；在吊顶内设置时，槽盖开启面应保持 80 mm 的垂直净空，线槽截面利用率不应超过 50%。

④ 水平布线时布放在线槽内的缆线可以不绑扎，槽内缆线应顺直，尽量不交叉，缆线不应溢出线槽，在缆线进出线槽部位及拐弯处应绑扎固定。垂直线槽布放缆线应每间隔 1.5 m 固定在缆线支架上。

⑤ 在水平桥架、垂直桥架和垂直线槽中敷设缆线时，应对缆线进行绑扎。绑扎间距不宜大于 1.5 m，扣间距应均匀，松紧适度。

2. 设置缆线桥架和缆线槽支撑保护的要求

① 桥架水平敷设时，支撑间距一般为 1～1.5 m；垂直敷设时固定在建筑物上的间距宜小于 1.5 m。

② 金属线槽敷设时，在线槽接头处、每间距 1～1.5 m、离开线槽两端口 0.5 m 处和拐弯转角处应设置支架或吊架。

③ 塑料线槽槽底固定点间距一般为 0.8～1 m。

3. 预埋金属线槽方式

① 在建筑物中预埋线槽视不同尺寸,应至少预埋 2 根以上线槽,线槽截面高度不宜超过 25 mm。

② 线槽直埋长度超过 6 m 或在线槽路由交叉、转变时宜设置拉线盒,以便于布放缆线和维修。

③ 拉线盒盖应能开启,并与地面齐平,盒盖处应采取防水措施。

④ 线槽宜采用金属管引入分线盒内。

4. 预埋暗管支撑保护方式

① 暗管宜采用金属管,预埋在墙体中间的暗管内径不宜超过 50 mm。楼板中的暗管内径宜为 15～25 mm。在直线布管 30 m 处应设置暗箱等装置。

② 暗管的转弯角度应大于 90°,在路径上每根暗管的转弯点不得多于两个,并不应有 S 弯出现。在弯曲布管时,在每间隔 15 m 处应设置暗线箱等装置。

③ 暗管转变的曲率半径不应小于该管外径的 6 倍,如暗管外径大于 50 mm 时,则不应小于 10 倍。

④ 暗管管口应光滑,并加有绝缘套管,管口伸出部位应为 25～50 mm。

5. 格形线槽和沟槽结合的保护方式

① 沟槽和格形线槽必须沟通。

② 沟槽盖板可开启,并与地面齐平,盖板和插座出口处应采取防水措施。

③ 沟槽的宽度宜小于 600 mm。

④ 在活动地板下敷设缆线时,活动地板内净高不应小于 150 mm,活动地板内如果作为通风系统的风道使用时,地板内净高不应小于 300 mm。

⑤ 采用公用立柱作为吊顶支撑时,可在立柱中布放缆线,立柱支撑点宜避开沟槽和线槽位置,支撑应牢固。

⑥ 不同种类的缆线在金属槽内布线时,应同槽分隔(用金属板隔开)布放。金属线槽接地应符合设计要求。

6. 干线子系统缆线敷设支撑保护的要求

① 缆线不得布放在电梯或管道竖井中。

② 干线通道间应沟通。

③ 竖井中缆线穿过每层楼板孔洞宜为矩形或圆形。矩形孔洞尺寸不宜小于 300 mm×100 mm。圆形孔洞处应至少安装三根圆形钢管,管径不宜小于 100 mm。

4.4.2 线缆牵引技术

用一条拉线将线缆牵引穿入墙壁管道、吊顶和地板管道称为线缆牵引。在施工中,应使拉线和线缆的连接点尽量平滑,所以要采用电工胶带在连接点外面紧紧缠绕,以保证平滑和牢靠,所用的方法取决于要完成作业的类型、线缆的质量、布线路由的难度(例如在具有硬转弯的管道布线要比在直管道中布线难),还与管道中要穿过的线缆数目有关,在已有线缆的拥挤的管道中穿线要比空管道难。

从理论上讲,线的直径越小,拉线的速度越快。但是,有经验的安装者采取慢速而又平稳的拉线,而不是快速的拉线,原因是快速拉线会造成线的缠绕或被绊住。

拉力过大,线缆会变形,将引起线缆传输性能下降。缆线最大允许的拉力如下:
- 1 根 4 对线电缆,拉力为 100 N;
- 2 根 4 对线电缆,拉力为 150 N;
- 3 根 4 对线电缆,拉力为 200 N;
- n 根线电缆,拉力为 $(n\times50+50)$ N。

不管多少根线对电缆,最大拉力不能超过 400 N。对布线施工人员来说,需要彻底了解建筑物的结构;由于绝大多数的线缆是走地板下或天花板内,故对地板和吊顶内的情况应了解清楚,要准确地知道什么地方能布线而什么地方不易布线。

4.4.3　6 类布线安装方法

由于 6 类线具有非常严格的性能标准,因此其对安装质量要求更高。6 类布线中的任何安装错误或捷径,都有可能导致测试勉强合格或不合格。建议严格遵守布线标准文件中规定的安装方法。必须采用优质的安装方法,因为产品和安装会对布线系统的整体质量产生同样的影响。

1. 安装 6 类线的过程中需要注意的事项

(1) 电缆拉伸张力

不要超过电缆制造商规定的电缆拉伸张力。张力过大会使电缆中的线对绞距变形,严重影响电缆抑制噪声及衍生物的能力和电缆的结构化回波损耗,这会改变电缆的阻抗,损害整体回波损耗性能。这些因素是高速局域网系统传输中的重要因素,如千兆位以太网。此外,张力过大还可能导致线对散开造成损坏导线。

(2) 电缆弯曲半径

避免电缆过度弯曲,因为这会改变电缆中线对的绞距。如果弯曲过度,线对可能会散开,导致阻抗不匹配及不可接受的回波损耗性能。另外,这可能会改变电缆内部 4 个线对绞距之间的关系,进而导致噪声抑制问题。各电缆制造商都建议,电缆弯曲半径不得低于安装后的电缆直径的 8 倍。对典型的 6 类电缆,弯曲半径应大于 50 mm。存在问题的最关键区域之一是配线柜,因为大量的电缆引入配线架,为保持布线整洁,可能会导致某些电缆压得过紧、弯曲过度。这种情况通常看不见,即使最敬业的安装人员也可能会因为疏忽而降低布线系统的性能。如果制造商提供了背面线缆管理设备,那么要保证根据制造商的建议使用这些设备。同时,器件内部的电缆弯曲半径有着不同的或者更加严格的限制。一般来说,安装过程中的电缆弯曲半径是电缆直径的 8 倍。在实践中,在背面盒中的弯曲半径以 50 mm 为宜,进线的电缆管道的最小弯曲半径是 100 mm。这对于最初已确定安装直径较小电缆的大楼利用大楼内部的传统管道系统布放 6 类电缆有着明显影响。

(3) 电缆压缩

避免由于电缆扎线带过紧而压缩电缆。在大的成捆电缆或电缆设施中最可能会发生这个问题,其中成捆电缆外面的电缆会比内部的电缆承受更多的压力。电缆过紧会使电缆内部的绞线变形从而影响其性能,一般会使回波损耗更明显地处于不合格状态。回波损耗的效应会积累,每个过紧的电缆扎线都会提高总损耗。长距离悬挂线上的走线电缆中每隔 300 mm 就要使用一条电缆扎线带。如果挂在悬挂线上的电缆长 40 m,那么电缆扎线次数为 134 次。在使用电缆扎线带时,要特别注意扎线带应用的压力大小。电缆扎线带的强度以能够支撑成捆电缆即可。较好的方法是保证在使用电缆扎线带把电缆捆在一起时,没有出现任何电缆护套变形的情况。这在配线柜中也非常重要,因为用户一般会扎紧电缆扎线带,以使电缆保持整洁,这在配线柜中造成配线架背面的端接点进线非常困难。建议使用挂钩和环形电缆扎线带。

(4) 电缆质量

23 号(直径为 0.6 mm)6 类电缆的质量大约是 5 类电缆的 2 倍。1 m 长的 24 条 6 类电缆的质量接近 1 kg,而相同数量的 5 类或超 5 类电缆的质量仅 0.6 kg。在使用悬挂线支撑电缆时,必须考虑电缆质量。建议每个悬挂线支撑点每捆最多支撑 24 条电缆。

(5) 电缆打结

在从卷轴上拉出电缆时要注意电缆有时可能会打结。如果电缆打结,应该视为电缆损坏,需更换这段电缆。安装人员可能会用力弄直电缆结,但是损坏已经发生,在电缆测试时会发现在这一点上有回波损耗增加。所有这些效应会积累在一起,尽管一个电缆打结不可能会导致测试不合格,但这种效应与电缆扎线带导致的性能下降及 6 类布线降低的总量综合在一起,会导致测试不合格。所以安装 6 类线时一定要让电缆顺其自然。

(6) 成捆电缆中的电缆数量

当任意数量的电缆以很长的平行长度捆在一起时,具有相同绞距的成捆电缆中不同电缆的线对电容耦合(例如蓝线对到蓝线对)会导致串扰明显提高,这称为"外来串扰"。这一指标还有待布线标准的规范或精确定义。消除外来串扰不利影响的最佳方式是最大限度地降低长并行线缆的长度,以伪随机方式安装成捆电缆。从历史上看,我们在走线中一直采用"梳状"布线方式以保持整洁是一个误区。把电缆捆在一起要避免不同电缆的任何 2 个线对可能会在有效长度内平行敷设的可能性,这一点没有捷径或其他有效方法。但应该注意以很长的平行长度敷设电缆时可能会导致潜在的外来串扰。

(7) 电缆护套剥开

在端接点上电缆护套被剥开后裸露出的线对必须保持最小长度。有的安装人员为了方便电缆的端接操作,随意剥开电缆护套的长度。这样很难保持电缆内部的线对绞距以实现最有效的传输通路。在配线架接线块上剥开的电缆护套过长将损害 6 类布线系统的近端串扰(NEXT)和远端串扰(FEXT)性能指标。

(8) 线对散开

在电缆端接点,应使电缆中每个线对的绞距尽可能保持到最末端。线对绞距由电缆制造商通过计算机控制产生,改变电缆绞距将给电缆性能带来不利影响。尽管 ISO 和 TIA 超 5 类布线标准规定了线对散开的长度(13 mm),但它们没有对 6 类布线做出此类规定。目前操作只能遵守制造商提供的建议。在配线架接线块上的导线槽内,线对散开过大将会损害 6 类布线系统的 NEXT、FEXT 和回波损耗性能指标。

(9) 环境温度

在 6 类布线中,安装电缆的环境温度确实会影响电缆的传输特性。应避免可能会遇到的高温环境(温度>60℃)。如天花板上的屋顶暴露在阳光直射下很容易会发生这种情况。电缆温度提高时,传输衰减会提高,尤其是长距离电缆所处高温环境的影响会导致衰减这一参数勉强合格或不合格。

2. 6 类布线施工时应注意的事项

① 由于 6 类线缆要比一般的 5 类线缆粗。特别是在弯头处为了避免线缆的缠绕,在管线

施工时一定要注意管径的填充度,一般内径 20 mm 的线管宜放 2 根 6 类线。

② 桥架拐弯合理,保证合适的线缆弯曲半径。上下左右绕过其他线槽时,转弯坡度要平缓,重点注意两端线缆下垂受力后是否还能在不压损线缆的前提下盖上盖板。

③ 放线过程中主要注意对拉力的控制。对于带卷轴包装的线缆,建议两头至少各安排一名工人,把卷轴套在自制的拉线杆上,放线端的工人先从卷轴箱内预拉出一部分线缆,供合作者在管线另一端抽取;预拉出的线不能过多,避免多根线在场地上缠结环绕。

④ 拉线工序结束后,两端留出的冗余线缆要整理和保护好。盘线时要顺着原来的旋转方向,线圈直径不要太小,有可能的话用废线头固定在桥架、吊顶上或纸箱内,做好标注,提醒其他人员勿动勿踩。

⑤ 在整理、绑扎和安置线缆时,冗余线缆不要太长,不要让线缆叠加受力,线圈应顺势盘整,固定扎绳不要勒得过紧。

4.5 综合布线在各子系统的布线方法

根据所处位置或作用不同,线缆分为水平线缆、垂直线缆、室外线缆和模块跳接线缆四种线缆。

4.5.1 建筑物主干线缆的布线技术

主干线缆是建筑物的主要线缆,为设备间到每层楼管理间之间的信号传输提供通路,在电缆孔、管道、电缆竖井三种方式中,干线子系统垂直通道宜采用电缆孔方式。水平通道常选择管道方式或电缆桥架方式。

在新的建筑物中,通常有竖井通道。在竖井中敷设主干线缆一般有两种方式,即向下垂放线缆和向上牵引线缆。相比较而言,向下垂放比向上牵引容易。

1. 向下垂放线缆

向下垂放线缆的一般步骤如下:

① 首先把线缆卷轴放到最顶层。

② 在离房子的开口处(孔洞口)3~4 m 处安装线缆卷轴,并从卷轴顶部放出馈线。

③ 在线缆卷轴处安排所需的布线施工人员(数目视卷轴尺寸及线缆质量而定),每层都要有一个工人以便引导下垂的线缆。

④ 开始旋转卷轴,将线缆从卷轴上拉出。

⑤ 将拉出的线缆引导进竖井中的孔洞。在此之前应先在孔洞中安放一个塑料的套状保护物,如图 4-23 所示,以防止孔洞不光滑的边缘擦破线缆的外皮。

⑥ 慢慢地从卷轴上放缆并进入孔洞向下垂放,切不要快速放缆。

⑦ 继续放线,直到下一层布线工人员能将线缆引到下一个孔洞。

⑧ 按前面的步骤继续慢慢地放缆,并将线缆引入各层的孔洞。

⑨ 如果要经由一个大孔敷设垂直主干线缆,就无法使用塑料保护套,此时最好通过一个滑车轮来下垂布线,并为此需求做如下操作:

➢ 在孔的中心处装上一个滑车轮,如图 4-24 所示。

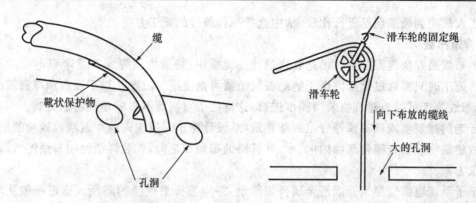

图4-23 保护线缆的塑料靴状物　　图4-24 用滑车轮向下布放缆线通过大孔

> 将线缆拉出绕在滑车轮上。
> 按前面所介绍的方法牵引线缆穿过每层的孔;当线缆到达目的地时,把每层上的线缆绕成卷放在架子上固定,等待以后的端接。

在布线时,若线缆要越过的弯曲半径小于允许值,如双绞线弯曲半径为8~10倍于线缆的直径,光缆为20~30倍于线缆的直径,可以将线缆放在滑车轮上以解决线缆的弯曲问题。

2. 向上牵引线缆

向上牵引线缆可用电动牵引绞车,如图4-25所示。

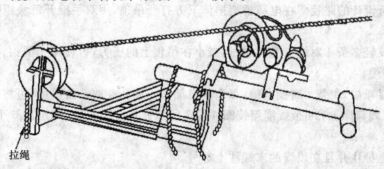

图4-25 典型的电动牵引绞车

① 按照线缆的质量选定绞车型号,并按绞车制造厂家的说明书进行操作。先往绞车中穿一条绳子。

② 启动绞车,往下垂放一条拉绳并且确认此拉绳的强度能保证牵引线缆,拉绳向下垂直到安放线缆的底层。

③ 如果缆上有拉眼,则将绳子连接到此拉眼上。

④ 启动绞车慢慢地将线缆通过各层的孔向上牵引。

⑤ 线缆的末端到达顶层时停止绞车。

⑥ 在地板孔边沿上用夹具将线缆固定。

⑦ 当所有的固定完成之后,从绞车上释放线缆的末端。

4.5.2 建筑物内水平布线技术

建筑物内水平布线,可选用天花板、暗道和墙壁线槽等形式。在决定采用哪种方法之前,设计施工人员应到施工现场进行比较,从中选择一种最佳的施工方案。

1. 管道布线

管道布线是在浇筑混凝土时已把管道预埋在地板中,管道内预先穿放着牵引电缆的钢丝或铁丝。施工时只需通过管道图纸了解地板管道就可做出施工方案。对于没有预埋管道的新建筑物,布线施工可以与建筑物装潢同步进行,这样便于布线而不影响建筑物的美观。

对于老的建筑物或没有预理管道的新建筑物,设计施工人员应向业主索取建筑物的图纸,并到布线建筑物现场查清建筑物内电、水、气管路的布局和走向,然后详细绘制布线图纸,确定布线施工方案。

水平子系统电缆宜穿钢管或沿金属桥架敷设,并应选择最捷径的路径。管道一般从配线间埋到信息插座安装孔。安装人员只要将 4 对线电缆固定在信息插座的拉线端,从管道的另一端牵引拉线就可将线缆送达配线间。

当线缆在吊顶内布放完成后,还要通过墙壁或墙柱的管道将线缆向下引至信息插座安装孔内。将双绞线用胶带缠绕成紧密的一组,将其末端送入预埋在墙壁中的 PVC 圆管内并把它往下压,直到在插座孔处露出 25～30 mm 即可,也可以用拉线牵引。

2. 天花板顶内布线

水平布线最常用的方法是在天花板吊顶内布线,具体施工步骤如下:

① 索取施工图纸,确定布线路径。

② 沿着所设计的路径即在电缆桥架槽体下方打开吊顶,用双手推开每块镶板,如图 4-26 所示。

③ 为了减轻多条 4 对线电缆的质量,减小在吊顶上的压力,可使用 J 型钩、吊索及其他支撑物来支撑线缆。

④ 假设要布放 24 条 4 对线电缆,每个信息插座安装孔要放 2 条线缆,可将线缆箱放在一起并使缆出线口向上,24 个线缆箱按图 4-27 所示方式分组安装,每组有 6 个线缆箱,共有 4 组。

⑤ 在箱上标注并且在线缆的末端注上标号。

⑥ 在离管理间最远的一端开始,拉到管理间。

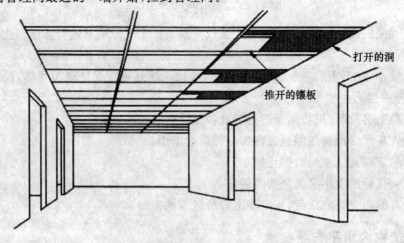

图 4-26 移动镶板的悬挂式天花板

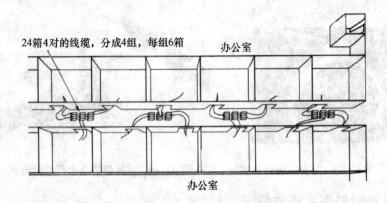

图 4-27 共布 24 条 4 对线缆，每一信息点布放二条 4 对的线

3. 地板底下布线方式

水平子系统电缆在地板下的安装方式，应根据环境条件选用地下桥架布线法、蜂窝状地板布线法、高架（活动）地板布线法、地板下管线布线法 4 种安装方式。

4. 墙壁线槽布线

在墙壁上的布线槽布线一般遵循下列步骤：

① 确定布线路径。

② 沿着路径方向放线讲究直线美观。

③ 线槽每隔 1 m 要安装固定螺钉。

④ 布线时线槽容量为 70%。

⑤ 盖塑料槽盖应错位盖好。

5. 布线中墙壁线管及线缆的固定方法

(1) 钢钉线卡

钢钉线卡全称为塑料钢钉电线卡，用于明敷电线、护套线、电话线、闭路电视线及双绞线。塑料钢钉电线卡外型如图 4-28 所示。在敷设线缆时，用塑料卡卡住线缆，用锤子将水泥钉钉入建筑物即可。管线或电缆水平敷设时，钉子要钉在水平管线下边，让钉子可以承受电缆的部分重力。垂直敷设时钉子要均匀地钉在管线的两边，这样可起到夹住电缆的定位作用。

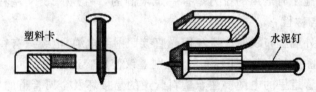

图 4-28 塑料钢钉电线卡

(2) 尼龙扎带

适合综合布线工程中使用的尼龙扎带如图 4-29 所示，具有防火、耐酸、耐蚀、绝缘性良好、耐久和不易老化等特点，使用时只需将带身轻轻穿过带孔一拉，即可牢牢扣住线把。扎带使用时也可用专门工具，如图 4-30 所示。它使得扎带的安装使用极为简单省力。使用扎带时要注意不能勒得太紧，避免造成电缆内部参数的改变。

图 4-29 尼龙扎带　　　　图 4-30 用扎带工具进行扎带安装

4.5.3　建筑群间的电缆布线技术

建筑群主干布线子系统主要有杆上架空敷设和地下管道敷设两种。杆路敷设直观，工程时间较短，但是影响美观，容易与空中其他线路交越。地下管道敷设便于今后的升级和电缆更换，电缆表面受力以及与周围环境隔离较好。敷设管道是综合布线中建筑群主干布线的一种较好的方法，但工期较长，费用也较高，对电缆的防潮有要求，这将影响对电缆种类的选择。

1. 外布线时影响电缆性能的因素

① 不要将无紫外线防护的电缆应用于阳光直射的环境内。

② 电缆在金属管道或线槽内温度很高，许多聚合材料在这种温度下会降低使用寿命。

③ 双绞线电缆中的水分会增加电缆的电容，从而降低阻抗并引起近端串扰问题。

④ 为避免外界对电缆的干扰和影响，电缆的屏蔽层需要接地。

2. 布线施工中应注意的问题

① 当电缆在 2 个终端之间有多余时，应按照需要的长度将其剪断，而不应将其卷起并捆绑起来。

② 双绞线电缆的接头处反缠绕开的线段距离不应超过 2 cm。过长会引起较大的近端串扰。水晶接头处电缆的外保护层需要压在接头中而不能在接头外。因为当电缆受到外界的拉力时受力的应是整个电缆，否则受力的是电缆和接头连接的金属部分。

③ 在电缆接线施工时电缆的拉力是有一定限制的，一般为 88 N 左右。过大的拉力会破坏电缆内部对绞的匀称性。

④ 在屋檐下或外墙上布线时应避免阳光直接照射到电缆，电缆只有在不直接暴露在阳光照射或超高温的环境中才可直接明线布线，否则建议使用管道布线。

⑤ 塑料或金属管道里的电缆要注意塑料管道的易损坏及金属管道的导热。

⑥ 悬空应用的架空电缆，应考虑电缆的下垂重力及捆绑方式。

⑦ 考虑地下管道及时排水，地下管道埋设要有管道总长度的 0.3% 坡度。

3. 架空敷设线缆

架空线缆敷设时一般步骤如下：

① 电杆以 30～50 m 的间隔距离为宜。电杆的埋深要占电杆总长的 1/5。

② 根据线缆的质量选择钢丝绳，一般选 7/2.2、7/2.6 和 7/3.0 芯钢丝绳，用三眼夹板固定在电杆上。

③ 考虑每根电杆受力情况接好钢丝绳，平衡电杆受力，增加电杆必要的拉线。

④ 每隔 0.5 m 挂一个电缆钩架。

⑤ 杆路的挣空高度为 34.5 m。

4. 管道敷设线缆

直线管道允许线长一般应限制在 150 m 内,弯曲管道应比直线管道相应缩短。采用弯曲管道时,它的曲率半径一般应不小于 36 m,在一段弯曲管道内不应有反向弯曲即"S"弯曲,在任何情况下也不得有 U 形弯曲出现。布放管道电缆,选用管孔时按照先下后上、先两侧后中央的原则顺序安排使用。大对数电缆一般应敷设在靠下和靠侧壁的管孔中,管孔必须对应使用。同一条电缆所占管孔的位置在各个入孔内应尽量保持不变,以避免发生电缆交错现象。一个管孔内一般只穿放一条电缆,如果电缆截面积较小,则允许在同一管孔内穿放两条电缆,必须防止电缆穿放时因摩擦而损伤护套。布放管道电缆前应检查电缆线号、端别、电线长度、对数及程式等,准确无误后再敷设。敷设时,电缆盘应放在准备穿入电缆管道的同侧,在此位置布放电缆可以使电缆展开到出厂前的状态,避免电缆扭曲变形。若两孔之间为直线管道,则电线应从坡度较高处往低处穿放;若为弯道,则应从离弯曲处较远的一端穿入。

4.6 光缆布线技术

通信光缆由于构成和工作原理有别于通信电缆,在其敷设接续技术中虽有与电缆相同之处,但不能照搬电缆施工的施工方法。光缆不能拉得过紧,也不能形成直角。光缆在综合布线中使用较多的是在建筑群子系统中布线,建筑物主干子系统中也有应用。目前,光缆的使用正在逐步地向桌面和普通住宅延伸。

光纤传输通道施工要求如下:

① 在进行光纤接续或制作光纤连接器时,施工人员必须戴上眼镜和手套,穿上工作服,保持环境洁净。

② 不允许观看已通电的光源、光纤及其连接器,更不允许用光学仪器观看已通电的光纤传输通道器件。

③ 只有在断开所有光源的情况下,才能对光纤传输系统进行维护操作。

4.6.1 光缆布线方法

光缆布线过程中,由于光纤的纤芯是石英玻璃,极易弄断,因此在施工弯曲时决不允许超过最小的弯曲半径。其次,光纤的抗拉强度比电缆小,因此在操作光缆时,不允许超过各种类型光缆的抗拉强度。

1. 光缆的检验要求

① 工程所用的光缆规格、型号、数量应符合设计的规定和合同要求。

② 光纤所附标记、标签内容应齐全和清晰。

③ 光缆外护套须完整无损,光缆应有出厂质量检验合格证。

④ 光缆开盘后,应先检查光缆外观有无损伤,光缆端头封装是否良好。

⑤ 光纤跳线检验应符合具有经过防火处理的光纤保护包皮、两端的活动连接器端面装配有合适的保护盖帽的要求。每根光纤接插线的光纤类型应有明显的标记并符合设计要求。

2. 配线设备的使用应符合规定

（1）光缆交接设备的型号、规格应符合设计要求。

（2）光缆交接设备的编排及标记名称应与设计相符。各类标记名称应统一，标记位置应正确而且清晰。

3. 光缆布线的要求

布放光缆应平直，不得产生扭绞和打圈等现象，不应受到外力挤压和损伤。光缆布放前，其两端应贴有标签以表明起始和终端位置。标签应书写清晰、端正和正确。最好以直线方式敷设光缆，如果需要拐弯，则光缆拐弯的弯曲半径在静止状态时至少应为光缆外径的10倍，在施工过程中至少应为20倍。

4. 光缆的布放方法

（1）通过弱电井垂直敷设

在弱电井中敷设光缆有向上牵引和向下垂放两种选择。通常向下垂放比向上牵引容易些，因此当准备好向下垂放敷设光缆时，应按以下步骤进行工作：

① 在离建筑顶层设备间的槽孔1～1.5 m处安放光缆卷轴，使卷筒在转动时能控制光缆。将光缆卷轴安置于平台上，以便保持在所有时间内光缆与卷筒轴心都是垂直的，放置卷轴时要使光缆的末端在其顶部，然后从卷轴顶部牵引光缆。

② 转动光缆卷轴，并将光缆从其顶部牵出。牵引光缆时，要保持不超过最小弯曲半径和最大张力的规定。

③ 引导光缆进入敷设好的电缆桥架中。

④ 慢慢地从光缆卷轴上牵引光缆，直到下一层的施工人员可以接到光缆并引入下一层。在每一层楼均重复以上步骤，当光缆达到最底层时，要使光缆松弛地盘在地上。在弱电间敷设光缆时，为了减轻光缆上的负荷，应在一定的间隔（如5.5 m）上用缆带将光缆扣牢在墙壁上。用这种方法，光缆不需要中间支持，但要小心地捆扎光缆，不要弄断光纤。为了避免弄断光纤及产生附加的传输损耗，在捆扎光缆时不要碰破光缆外护套。

（2）通过吊顶敷设光缆

在系统中敷设光纤从弱电井到配线间的这段路径，一般采用走吊顶的电缆桥架敷设方式，敷设方法如下：

① 沿着所建议的光纤敷设路径打开吊顶。

② 利用工具切去一段光纤的外护套，并由一端开始的0.3 m处环切光缆的外护套，然后除去外护套。

③ 将光纤及加固芯切去并掩没在外护套中，只留下纱线。对需敷设的每条光缆重复此过程。

④ 将纱线与带子扭绞在一起。

⑤ 用胶布紧紧地将长20 cm范围的光缆护套缠住。

⑥ 将纱线馈送到合适的夹子中去，直到被带子缠绕的护套全塞入夹子中为止。

⑦ 将带子绕在夹子和光缆上，将光缆牵引到所需的地方，并留下足够长的光缆供后续处理用。

5. 固定光缆的步骤

① 使用塑料扎带由光缆的顶部开始将干线光缆扣牢在电缆桥架上。

② 由上往下按指定间隔(每隔 5.5 m)安装扎带,直到干线光缆被牢固地扣好为止。
③ 检查光缆外套有无破损,盖上桥架的外盖。

光缆敷设好以后,在设备间和楼层配线间将光缆捆扎在一起,然后才进行光纤连接。可以利用光纤端接装置、光纤耦合器、光纤连接器面板来建立模块组合化的连接。当敷设光缆工作完成后以及光纤交连和在应有的位置上建立互连模组以后,就可以将光纤连接器加到光纤末端上,并建立光纤连接。最后,通过性能测试来检验整体通道的有效性,并为所有连接加上标签。

4.6.2 吹光纤布线技术

目前有一种新的光纤布线方法,即吹光纤技术。吹光纤技术布线的思想是:用一个空的塑料管即微管建造一个低成本的网络布线结构;当需要时,将光纤吹入微管,这样减少资金投入,同时也减少了对数据网络的干扰。

每根微管内可吹入 8 芯光纤。如果光纤损坏或已过时,则可简单地将其吹出,并用新的光纤代替。当光纤吹入微管后,再与已端接好的尾纤熔接,然后放入专门设计的地面出口盒或配线架上的端接盒。

这项技术将光纤与楼宇内的微管分为两部分。当塑料微管安装好以后,只要压缩空气,就能够将高性能的光纤吹入所造管道,能够做到随用随做。

目前这项技术已投入应用,吹光纤的优势主要有下列三点:

① 配置灵活和先进。随着计算机技术的发展,计算机网络对于光纤数量和种类的需求也在不断变化。例如,在采用光纤支持最新的千兆以太网时,可支持 100 Mbit/s 以太网达 2 km 的多模光纤此时最远只能支持传输 275 m(采用占市场分额 90% 的 1000BASE – SX 接口);采用吹光纤技术以后,根据用户网络系统的要求,系统可以随时将所需数量和种类(多模、单模、增强型多模)的光纤吹入空管内。同时,现有的 5 mm 微管最多可同时吹入 8 芯光纤,将来还可以升级至每管可吹入更多芯数的光纤。

② 分散投资成本。该系统初期安装的增强型 5 类系统足以满足近几年的网络要求,因此系统只需安装部分光纤和吹光纤备份空管。当网络发展后,用户可以根据网络需要安装光纤。这样,用户无须在工程初期投入巨资建立光纤到桌面系统,而只需建立价格低廉的管路系统(例如,增加敷设 2 000 个光纤到桌面管路,系统总造价提升不超过 5%),未来需要光纤应用时,再便捷地吹入光纤。

③ 安装安全。整个布线系统因初期施工时只安装空管,不安装光纤本身,因此避免了安装过程中对光纤的损害,充分保证了光纤的安全。

4.6.3 吹光纤技术介绍

过去无论在何种管道,如钢管和水泥管中穿放电缆或光缆,一般都采用牵引法。由于管道内壁摩擦系数很大,使得穿缆的距离短并且速度慢,很容易造成缆线的机械拉伸破坏。这使得每次的牵引长度仅为百米左右,从而使线缆接头增多,信号传输衰减增大。如果向管道中用气吹的办法敷设光缆,可以减小光缆在管道中穿行的摩擦力。用气吹机敷设光缆如图 4 – 31 所示。

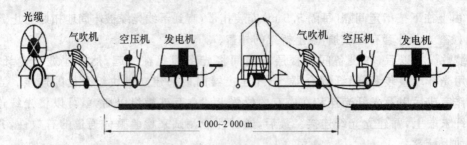

图 4-31 用气吹机敷设光缆

气吹法的基本原理是由气吹机把空压机产生的高速压缩气流和缆线一起送入管道。由于高压气体充满整个硅管空间,上下起伏,也由于管壁内层固体硅胶极低的摩擦系数而大大减小缆线前进时的摩擦力,又由于硅管内高压气体的流动,从而带动缆线在管道中高速前进,其形象的比喻就如同湍流的河水中漂浮着一根木头顺流而下。正因为高速流动的气体所产生的是均匀附着在缆线外皮的推力,而不是牵引力,才使该缆线不会受到任何机械损伤。同时也大大提高了穿缆的速度和每次气吹敷缆的长度。通常情况下一台气吹机一次可气吹光缆 1 000～2 000 m,这主要取决于地形、管道内径与缆外径之比、光缆或电缆的单位长度质量、材料等因素。一般情况下一台机器一次吹至少 1 000 m 以上是可以有保证的。吹气机有安全保护装置,一旦缆线前进中阻力过大会自动停止,不会对缆线构成任何损伤。

整个吹光纤系统包括全系列的微管、配线架、地板型面板和墙上型面板,以及安装工具。光纤包括单模光纤或多模光纤,并可配有标准的 ST 接口或 SC 接口。

采用传统光纤系统时,许多用户初期安装的光纤远远超过其实际需要。而吹光纤系统可以避免在将来升级时扩大成本和重复投资,有利于控制投资规模,可按照用户需求便捷地改变网络结构和路由,并把环境破坏程度减小到最低的情况下增加新的信息点或更改已存在的路由,易于升级换代。

有了吹光纤技术以后,人们又将铜缆和吹光纤技术复合,将屏蔽或非屏蔽铜缆与一根吹光纤微管复合在一起。这样安装十分简便,其中高性能铜缆是今天的需要,吹光纤微管部件为明天而准备。在往后需要更换新缆,光缆升级时,只要在费用很少的情况下将低性能光缆吹出而将高性能新缆吹入就达到了升级目的。安装铜缆和吹光纤复合电缆并在日后吹入所需光纤的结果,与分别安装铜缆和标准光纤相比要节省 30% 的投资。

整个吹光纤系统由 UTP、STP 和 FTP 铜缆,微管无源网络和高性能光纤三个相互独立元素构成。吹光纤用的管和光纤如下。

(1) 微 管

微管是一种通过挤压生产成型的管子,它包括光滑利于吹入空气的内层套管及低烟阻燃材料组成的外套。为满足不同路由配置及长度的需要,共有两种不同规格的微管可供选择。外径 5 mm/内径 3.5 mm 和外径 8 mm/内径 6 mm。所有微管均为蓝色,且每隔一定间隔都印有管子和长度的标识。

(2) 多微管

多微管是将多个微管通过外层护套平直(不扭曲)地扎束在一起形成的。室内型多微管包含一个单独的绝缘带和低烟阻燃材料护套(蓝色)。室外型多微管包含一个铝制防水层及聚乙烯材料护套(黑色)。多微管规格有 2 路、4 路和多路可选。

吹光纤微管有两种管径,5 mm 和 8 mm。不同规格的管径并不影响微管所容纳的光纤数量,两种微管所容纳的最多光纤数量均为8根。然而管径规格十分重要,若想吹得更远,则需要更强的空气压力。通过5 mm微管最远可吹到500 m,而8 mm微管最远可吹到1 000 m。注意吹管没有吹入光纤前两端应保持密封。

(3) 吹光纤用的光纤

吹光纤用的光纤是通过独特涂层处理后得到的,高性能的表面材料增强了可吹动性的端接性能。光纤种类有3种不同类型,包括50/125、62.5/125多模和单模光纤,并各有8种颜色区别,如图4-32所示。光纤结构如图4-33所示。

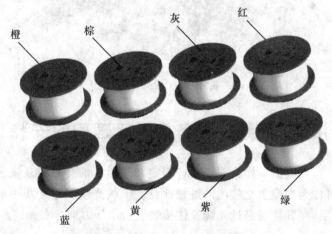

图4-32 吹光纤的多种颜色

(4) 吹光纤附件

① 吹光纤墙上出口,如图4-34所示。

② 微管接头,如图4-35所示。

③ 跳线管理器,如图4-36所示。

④ 吹光纤机,如图4-37所示。

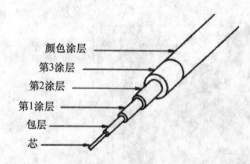 

图4-33 光纤的结构　　　　　　　图4-34 墙上型出口外型

图4-35 微管接头　　　　　　　　图4-36 跳线管理器

图 4-37　吹光纤机

4.7　光缆在设备间及管理间的安装

光缆布线完成后,和电缆一样也需要进行固定和端接。综合布线系统的交接硬件采用光缆部件时,设备间可作为光缆主交接场的设置地点。干线光缆从这个集中的端接设备进出点出发延伸到其他楼层,在各楼层经过光缆及连接装置沿水平方向分布光缆。

4.7.1　光缆的端接

室外光缆和室内光缆是通过在建筑物的线缆入口区安装的光缆设备箱进行端接的,这便于光缆的终接和接地。光纤配线架可适用于光缆的接头和直线通过。壁挂式光纤配线架适合于光纤接入网中的光纤终端接点,集光纤的熔和配线为一体,并可实现光纤的直通和盘储。壁挂式光纤配线架如图 4-38 所示。

图 4-38　壁挂式光纤配线架

适用于楼层间传输的小容量光纤配线架如图 4-39(a)所示,适用于建筑物设备间的中小容量的光纤配线架如图 4-39(b)所示,它们都适合于任何形式机房安装使用。

光缆的固定和接地如图 4-40 所示。在配线架内完成室外光缆与室内光缆的接续,然后将室内光缆连到设备间的光纤交叉接线框架内,再敷设到整个大楼中去,以满足防火、防雷击的需要。

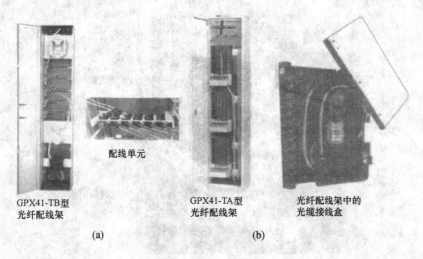

图 4-39 光纤配线架

各种光缆的接续应采用通用光缆盒,为束状光缆、带状光缆或跨接线光缆的接合处提供可靠的连接和保护外壳。通用光缆盒提供的光缆入口应能同时容纳多根建筑物布线光缆。光纤配线设备作为光纤线路关键连接技术设备之一,主要有室内配线和室外配线两大类。其中,室内配线包括机架式(光纤配线架、混合配线架)、机柜式(光纤配线柜、混合配线柜)和壁挂式(光纤配线箱、光缆终端盒、综合配线箱),室外配线设备包括光缆交接箱、光纤配线箱、光缆接续盒。这些配线设备主要由配线单元、熔接单元、光缆固定开剥保护单元、存储单元及连接器件组成。综合配线产品还包含有相应的数字配线架模块、音频配线模块。

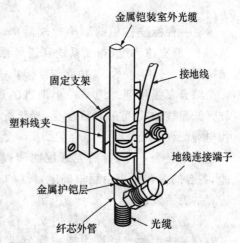

图 4-40 光缆的固定和接地

光纤交叉连接系统由光纤交叉接线架及上述有关的光纤配线设备组成。光纤交叉连接架的框架利用大小不同的凸缘网格架来组成框架结构,装有靠螺栓固定的夹子,以便引导和保护光缆。各种模块化的隔板可以容纳所有的光缆、连接器和接合装置,同时也可以把要选择安装的设备灵活地安装在此框架内,例如光纤数字综合配线架以及上面介绍的各种光纤配线设备等。装上了模块化隔板的光纤交叉连接框架可以成排地装在一起,或者逐步增加而连成一排,用于连接各控制点。

室内光缆均可直接连到此类架子上去。该架还能存放光纤的松弛部分,并保持要求的 3.8 cm 以上的最小弯曲半径。架子上可安装标准的组件和嵌板,故可提供多条光纤的端接容量。在正面(前面)通道中吊装上塑料保持环以引导光纤跳线,减少跳线的张力强度。在正面的前面板处提供有格式化标签的纸用来记录光纤端接位置。这些架子还可用于光纤的接续。光纤交叉连接框架的外型如图 4-41 所示。

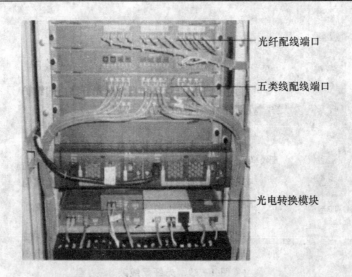

图4-41 光纤交叉连接混合配线框架的外型

光纤配线端口
五类线配线端口
光电转换模块

有一种标准机柜的结构比较简单，主要包括基本机架、内部支撑系统、布线系统和通风系统。标准机柜结构如图4-42所示，其功能与框架式一样。

综合布线用到光缆是一个渐进的过程，电缆配线和光纤配线的比例在不断改变，光纤配线正在逐渐取代电缆配线。光纤数字综合配线架将数字配线架和光纤配线架合为一体，具有光纤配线和数字配线综合功能，各自的容量可以由用户确定，所以非常适合光纤化进程的灵活性要求。

目前有一种基于光纤级的交叉连接，可以理解为具有交叉能力的光纤配线架或称为智能光纤配线架。智能型光纤配线架是集计算机通信、自动控制、光传输及测试技术于一体，并与传统的光纤配线架（ODF）完美结合的高技术系统，主要通过各种智能化模块实时采集所监测光纤的光功率变化值，并上报各级网管中心。当发现报警时智能型光纤配线架迅速发出报警信息，及时准确排除光缆线路故障，从而有效地压缩了障

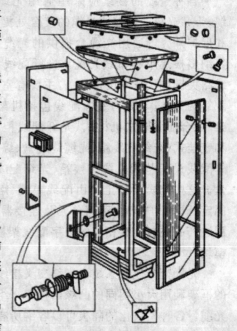

图4-42 标准机柜结构

碍历时。同时，智能型光纤配线架也可以预报传输系统物理线路的故障隐患，通过统计分析光缆性能，为管理人员提供决策依据。有的智能型光纤配线架还提供本地光纤通信设备网管系统的标准接口，可以在网管系统上设置光路由地址表，使配线架的任何故障都处于监视之中，甚至在出现故障时具有呼叫BP机的功能。

随着光纤接口技术的发展，业界已逐渐确立在电气PCB（印制电路板）上实现光纤配线技术、光印制线路板技术、光表面安装技术以及光与光器件和电器件统一的模块化设计、安装技术。这样一来，提高了配线过程的自动化程度，避免了人工配线容易降低线路质量的问题。

4.7.2 光纤交连场

当光纤容量达到相当规模时,为了便于配线管理和日常对光纤路由的维护,需要按不同路由和方向把光纤交叉连接系统划分为不同交连场。

(1) 单列交连场

安装一列交连场,可把第一个 LIU(光纤互连装置盒)放在规定空间的左上角,其他的扩充模块放在第一个模块的下方,直到 1 列交连场总共有 6 个模块。在这一列的最后一个模块下方应增加一个光纤线槽。如果需要增加列数,每个新增加列都应先增加一个过线槽,并与第一列下方已有的过线槽对齐。

(2) 多列交连场

当安装的交连场不止一列时,应把第一个 LIU 放在规定空间的最下方,而且先给每 12 行配上一个光纤过线槽,并把它放在最下方 LIU 的底部,且至少应比楼板高出 30.5 mm。6 列 216 根光纤交连场的扩展次序如图 4-43 所示。安装时,同一水平面上的所有模块应当对齐,避免出现偏差。

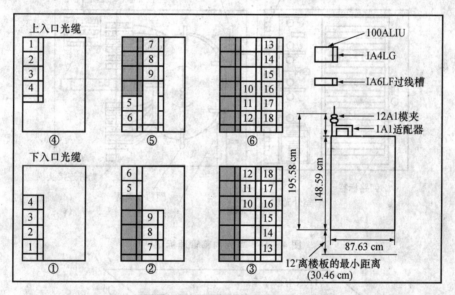

图 4-43 光纤交连场的扩展次序

4.7.3 综合布线系统的标识管理

在综合布线系统中强调了管理。要求对设备间、管理间和工作区的配线设备、线缆、信息插座等设施,按照一定的模式进行标识和记录。布线系统中有五个部分需要标识,即线缆(电信介质)、通道(走线槽/管)、空间(设备间)、端接硬件(电信介质终端)和接地。它们之间的标识相互联系,互为补充,而每种标识的方法及使用的材料又各有各的特点。例如线缆的标识,要求在线缆的两端都进行标识,严格的话,每隔一段距离都要进行标识,而且要在维修口、接合处、牵引盒处的电缆位置进行标识。空间的标识和接地的标识要求清晰、醒目,让人一眼就能注意到。配线架和面板的标识除应清晰、简洁、易懂外,还要美观。从材料上和应用的角度讲,线缆的标识,尤其是跳线的标识要求使用带有透明保护膜(带白色打印区域和透明尾部)的耐磨损、抗拉的标签材料,像乙烯基这种适合于包裹和伸展的材料最好。这样的话,线缆的弯曲变形以及经常的磨损才不会使标签脱落和字迹模糊不清。另外,套管和热缩套管也是线缆标签的很好选择。面板和配线架的标签要使用连续的标签,材料以聚醋的为好,可以满足外露的要求。在做标识管理时要注意,电缆和光缆的两端均应标明相同的编号。

光纤连接管理按照光纤端接功能进行管理,可将管理分成两级,即分别标为第1级和第2级。

第1级交连场允许利用金属箍,把一根输入光纤直接连到一根输出光纤上,这是典型的点对点的光纤链路,通常用做简单的发送端到端的连接。

第2级交连场允许每根输入光纤可通过一根光纤跨接线连到一根输出光纤上。

交连场的每根光纤上都有两种标记。一种是非综合布线系统标记,它标明该光纤所连接的具体终端设备;另一种是综合布线系统标记,它标明该光纤的识别码。两种标记分别如图4-44和图4-45所示。

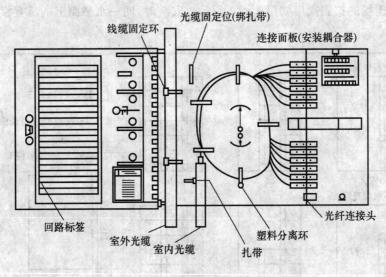

图4-44 单元内部管理标记

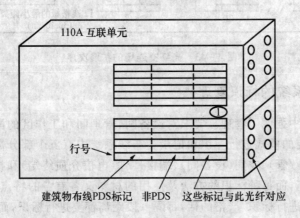

图4-45 交连场光纤管理标记

4.8 设备间和管理间的设备机架及地线的安装

设备间和管理间为综合布线提供了安装电缆引入配线和交接配线的场所。同时根据布线系统规模的不同还要安装不间断电源、保安防雷排流设备、线路测量监控设备、网络专用服务器、网络防火墙、线路服用设备、网络宽带交换设备和路由器等设备。同时还要注意安装、连接和测试用于机房设备的接地系统。

4.8.1 设备的安装

综合布线系统工程中设备的安装,主要是指各种配线接续设备和通信引出端的安装。机架类型有墙架型、骨架型和机柜型,各种机架一般都带有理线设备。

墙架型机架有一个可以旋转90°的机架,以便靠近后面的面板。一定注意有足够空间可打开前面的面板而不会碰到墙,使用户可以在背面操作。

骨架型机架是开放式的,无论从前面还是从后面安装设备都很方便。要注意留出足够的地方来容纳需安装的设备,而且有足够的空间进行安装工作。最后骨架型机架要固定在地板上,以保证它不会倒也不会移动。

机柜型有加锁的门,所以更安全,防尘效果也较好。复杂的机柜带树脂玻璃门,可看到设备的灯光和循环制冷系统,而且避免了电磁干扰。

由于国内外生产的配线接续设备品种和规格不同,其安装方法也有区别。在安装施工时,应根据选用设备的特点采取相应的安装施工方法。

① 机架和设备的排列位置和设备朝向都应按设计安装,并符合实际测定后的机房平面布置图的要求。

② 机架和设备安装完工后,其水平度和垂直度都应符合厂家规定,若无规定时,其前后左右的垂直度偏差均不应大于 3 mm。要求机架和设备安装牢固可靠,如有抗震要求时,必须按抗震标准要求加固。各种螺丝必须拧紧,无松动、缺少和损坏,机架没有晃动现象。

③ 为便于施工和维护,机架和设备前应预留 1.5 m 的过道,其背面距墙面应大于 0.8 m。相邻机架和设备应互相靠近,机面排列平齐。

④ 建筑物(群)配线架如采用双面的落地安装方式时,应符合以下规定。

➢ 缆线从配线架下面引上时,配线架的底座与缆线的上线孔必须相对应,以利缆线平直顺畅引入架中。

➢ 各个直列上下两端的垂直倾斜误差不应大于 3 mm,底座水平误差每平方米不应大于 2 mm。

➢ 跳线环等设备部件装置牢固,其位置横竖、上下、前后均应平直一致。

➢ 接线端子应按标准规定和缆线用途划分连接区域,以便连接,且应设置标志,以示区别和醒目。

⑤ 如采用单面配线架(箱),且在墙壁安装时,要求墙壁必须坚固牢靠,能承受机架重量。其机架(柜)底距地面距离宜为 300~800 mm,也可视具体情况而定。接线端子应按标准规定和缆线用途划分连接区域,并应设置标志,以示区别与醒目。此外,在干线交接间中的楼层配线架一般采用单面配线架(箱),其安装方式多为墙壁安装,要求也与前述相同。

⑥ 在新建的智能化建筑内使用的小型配线设备和分线设备宜采用暗敷方式,其箱体埋装在墙内。为此,房屋建筑施工时,在墙壁上需按要求预留洞孔,先将箱体埋装墙内,综合布线系统施工时装设接续部件和面板,这样有利于分别施工。在已建的建筑物中如无条件暗敷时,也可采用明敷方式,以减少凿墙打洞和对房屋建筑强度的影响。

⑦ 机架设备、金属钢管和槽道的接地装置应符合设计施工及验收标准规定,要求有良好的电气连接,所有与地线连接处应使用接地垫圈,垫圈尖角应对向铁件,刺破其涂层,必须一次装好,不得将已装过的垫圈取下重复使用,以保证接地回路通畅无阻。

⑧ 接续模块等接续或插接部件的型号、规格和数量,都必须与机架和设备配套使用,并根据用户需要配置,做到连接部件安装正确、牢固稳定、美观整齐、对号入座、完整无缺。缆线连接区域划界分明、标志完整、清晰,以利于维护和日常管理。

⑨ 缆线与接续模块等接插部件连接时,应按工艺要求的标准长度剥除缆线护套,并按线对顺序正确连接。如采用屏蔽结构的缆线时,必须注意将屏蔽层连接妥当,不应中断,并按设计要求做好接地。

⑩ 通信引出端即信息插座的品种多种多样,其安装方式和规格型号有所不同,应根据设计配备确定。安装方法应根据工艺要求,结合现场实际条件选择。如在地面安装时,盒盖应与地面齐平,要求严密防水和防尘;在墙壁安装时要求位置正确,便于使用。

4.8.2 接地系统的安装

1. 电气保护

室外电缆进入建筑物时通常在入口处经过一次转接进入室内,在转接处应加装电气保护设备,这样可以避免因电缆受到雷击产生感应电势或与电力线路接触而给用户设备带来损坏。电气保护主要分为过压保护和过流保护两种,这些保护装置通常安装在建筑物入口的专用房间或墙面上。

综合布线的过压保护可选用气体放电管保护器或固态保护器,气体放电管保护器使用断开或放电间隙来限制导体和地之间的电压。放电间隙由粘在陶瓷外壳内密封的两个金属电极形成,并充有惰性气体。当两个电极之间的电位差超过交流 250 V 或雷电浪涌级电压超过 700 V 时,气体放电管出现电弧,为导体和地电极之间提供一条导电通路。

固态保护器适合于较低的击穿电压(60～90 V),而且其电路中不能有振铃电压。它利用电子电路将过量的有害电压泄放至地,而不影响电缆的传输质量。固态保护器是一种电子开关,在未达到击穿电压前,可进行稳定的电压箝位,一旦超过击穿电压,它便将过电压引入地。固态保护器为综合布线提供了最佳的保护。

综合布线系统除了采用过压保护外,同时还采用过流保护。过流保护器串联在线路中,当线路发生过流时,切断线路。为了维护方便,过流保护一般都采用具有自动恢复功能的保护器。

2. 屏蔽作用

受到电磁干扰和辐射是整个应用系统所面临的问题,由综合布线电缆引起的干扰只是其中一部分,而且辐射能量与发送信号的电压和频率有关。采用屏蔽是为了在有干扰的环境下保证综合布线通道的传输性能。其包括两部分内容,即减少电缆本身向外辐射能量和提高电缆抗外来电磁干扰的能力。

综合布线的整体性能取决于应用系统中的电缆和相关连接硬件性能及其连接工艺。在综合布线中,最薄弱的环节是配线架与电缆连接部件以及信息插座与插头的接触部位,当屏蔽电缆的屏蔽层在安装过程中出现裂缝时也构成了屏蔽通道的薄弱环节。为了消除电磁干扰,除了要求屏蔽层没有间断点外,还要求整体传输通道必须达到360°全程屏蔽。这种要求对于一个点对点的连接通道来说,是很难达到的,因为其中的信息插口和跳线等很难做到全屏蔽,再加上屏蔽层的腐蚀、氧化、破损等因素,因此,没有一个通道能真正做到全程屏蔽。同时,屏蔽电缆的屏蔽层对低频磁场的屏蔽效果较差,不能抵御诸如电动机等设备产生的低频干扰,所以采用屏蔽电缆也不能完全消除电磁干扰。

从理论上讲,为减少外界干扰可采用屏蔽措施,屏蔽有静电屏蔽和磁场屏蔽两种。屏蔽的原理是,在屏蔽层接地后使干扰电流经屏蔽层短路入地。因此,屏蔽的妥善接地是十分重要的,否则不但不能减少干扰,反而会使干扰增大。因为当接地点安排不正确、接地电阻过大、接地电位不均衡时会引起接地噪声,即在传输通道的某两点产生电位差,从而使金属屏蔽层上产生干扰电流,这时屏蔽层本身就形成了一个最大的干扰源,导致其性能远不如非屏蔽传输通道。因此,为保证屏蔽效果必须对屏蔽层正确可靠接地。

在实际应用中,为最大程度降低干扰,除保持屏蔽层的完整、对屏蔽层可靠接地外,还应注意传输通道的工作环境,应远离电力线路、变压器或电动机房等各种干扰源。当综合布线环境极为恶劣、电磁干扰强、信息传输率又高时,可直接采用光缆,以满足电磁兼容性的需求。

3. 系统接地

交流工作接地、安全保护接地、直流工作接地、防雷接地等4种接地宜采用同一组接地装置。接地系统是以接地电流易于流动为目标,同时也可以降低电位变化引起的干扰,故接地电阻越小越好。因此,共用接地系统电阻值的确定应以其中最小值为准。

当防雷接地单独设置接地装置时,交、直流和安全保护接地应采用同一组接地装置。为了防止雷击电压对综合布线及连接设备产生反击,要求防雷装置与其他接地体之间保持足够的安全距离。但这个要求在工程设计中很难实现。如多层建筑防雷接地一般采用建筑主筋和基础底板主筋做接地线和接地体,其无法满足与其他接地体之间的安全距离要求,这可能产生反击。此时,只能将建筑物内各种金属体以及进出线管进行严格接地,而且所有接地装置必须共用,并进行多处连接,使防雷装置和邻近的金属物体电位尽可能相同,以防止雷电反击现象,保证综合布线和系统设备的安全。

根据国家规范的要求,在建筑入口区、高层建筑的楼层配线间或二级交换间都应设置接地装置。综合布线引入电缆的屏蔽层必须连接到建筑物入口区的接地装置上。干线电缆的屏蔽层应采用直径大于4 mm的多股铜线接到配线间或交换间的接地装置上,而且干线电缆的屏蔽层必须保持连续,配线间的接地应采用多股铜线与接地母线进行焊接,然后再引至接地装置。非屏蔽电缆应敷设于金属管或金属线槽内。金属槽管应连接可靠,保持电气连通,并引至接地干线上。同时,配线架等设备接地应采用并联方式与接地装置相连,不能串联连接。

4. 接地安装工艺

(1) 屏蔽保护接地

当智能化建筑和智能化小区内部或周围环境对综合布线系统产生电磁干扰时,除必须采用具有屏蔽性能的缆线和设备外,还应有良好的屏蔽保护接地系统,以抑制外界的电磁干扰,保证通信传输质量。在屏蔽保护接地系统安装中应注意以下几点。

① 具有屏蔽性能的建筑群主干布线子系统的主干电缆包括公用通信网等各种引入电缆在进入房屋建筑后，应在电缆屏蔽层上即接地点焊好直径为 5 mm 的多股铜芯线，连接到临近入口处的接地线装置上，要求焊接牢靠稳固。接地线装置的位置距离电缆入口处不应大于 15 m（入口处是指电缆从管道的引出处），同时应尽量使电缆屏蔽层接地点接近入口处为好。

② 综合布线系统所有缆线均采用了具有屏蔽性能的结构，且利用其屏蔽层组成整体系统性接地网时，在施工中对各段缆线的屏蔽层都必须保持良好的连续性，并应注意导线相对位置不变。此外，应根据线路情况，在一定段落设有良好的接地措施，并要求屏蔽层接地线，即电缆接地线的接地点应尽量邻近接地线装置，一般不应超过 6 m。

③ 综合布线系统为屏蔽系统时，其配线设备端也应接地。用户终端设备处的接地视具体情况来定。两端的接地应尽量连接在同一接地体上，即单点接地。若接地系统中存在两个不同的接地体时，其接地电位差不应大于 1 V（有效值），这是对采用屏蔽系统的整体综合性能的要求，每一个环节都有其重要的特定作用，不容忽视。每个楼层配线架应单独设置接地导线至接地体装置，成为并联连接，不得采用串联连接。

④ 通信引出端的接地可利用电缆屏蔽层连接到楼层配线架上。工作站的外壳接地应单独布线连接到接地体装置。在一个办公室内可以将邻近的几个工作站组合在一起，采用同一根接地导线。为了保证接地系统正常工作，接地导线应选用截面积不小于 2.5 mm^2 的铜芯绝缘导线。

⑤ 由于采用屏蔽系统的工程建设投资较高，为了节约投资而采用非屏蔽缆线，或虽用屏蔽缆线，但因屏蔽层的连续性和接地系统得不到保证时，应采取以下措施：

➢ 在每根非屏蔽缆线的路由附近敷设直径为 4 mm 的铜线作为接地干线，其作用与电缆屏蔽层完全相同，并要求像电缆屏蔽层一样采取接地措施。

➢ 在需要屏蔽缆线的场合，如采用非屏蔽缆线穿放在钢管、金属槽道或桥架内敷设时，要求各段钢管或金属槽道应保持连续的电气连接，并在其两端有良好的接地。

⑥ 综合布线系统中的干线交接间应有电气保护和接地，其要求如下：

➢ 干线交接间中，的主干电缆如为屏蔽结构，且有线对分支到楼层时，除应按要求将电缆屏蔽层连接外，还应做好接地。接地线应采用直径为 4 mm 的铜线，一端在主干电缆屏蔽层焊接，另一端则连接到楼层的接地端。这些接地端包括建筑的钢结构、金属管道或专供该楼层用的接地体装置等。

➢ 干线交接间中，主干电缆的位置应尽量选择邻近垂直的接地导体处，如高层建筑中的钢结构，并尽可能位于建筑物内部的中心部位。如果房屋的顶层是平顶，则其中心部位附近遭受雷击的概率最小，因此该部位雷电的电流最小，且由于主干电缆与垂直接地导体之间的互感作用，可最大限度地减小通信电缆上产生的电动势。在设计中应避免把主干线路设在邻近建筑的外墙处，尤其是墙角，因为这些地方遭受雷击的概率最大，对通信线路是极不安全的。

（2）安全保护接地和防雷保护接地

① 当通信线路处在下述的任何一种情况时，就认为该线路处于危险环境内，根据规定应对其采取过压、过流保护措施。

➢ 雷击引起的危险影响。

- 工作电压超过 250 V 的电源线路碰地。
- 地电位上升到 250 V 以上引起的电源故障。
- 交流 50 Hz 感应电压超过 250 V。

② 当通信线路能满足和具有下述任何一个条件时,可认为通信线路基本不会遭受雷击,其危险性可以忽略不计。

- 该地区每年发生的雷暴日不多于 5 天,其土壤电阻率 $\rho \leqslant 100\ \Omega \cdot m$。
- 建筑物之间的通信线路采用直埋电缆,其长度小于 42 m,电缆的屏蔽层连续不断,电缆两端均采取了接地措施。
- 通信电缆全程完全处于已有良好接地的高层建筑,或其他高耸构筑物所提供的类似保护伞的范围内(有些智能化小区具有这样的特点),且电缆有良好的接地系统。

③ 综合布线系统中采取过压保护措施的元器件,目前有气体放电管保护器或固态保护器两种。宜选用气体放电管保护器。固态保护器因价格较高,所以不常采用。

④ 综合布线系统的缆线会遇到各种电压,有时过压保护器因故而不动作。例如 220 V 电力线可能不足以使过压保护器放电,却有可能产生大电流进入设备,因此,必须同时采用过电流保护。为了便于维护检修,建议采用具有自动恢复功能的过流保护器。此外,还可选用熔断丝保护器,因其便于维护管理和日常使用,价格也较适宜。

⑤ 当智能化建筑避雷接地采用外引式泄流引下线入地时,通信系统接地应与建筑避雷接地分开设置,并保持规定的间距。这时综合布线系统应采取单独设置接地体的方法,其接地电阻值不应大于 4 Ω。当建筑避雷接地利用建筑物结构的钢筋作为泄流引下线,且与其基础和建筑物四周的接地体连成整个避雷接地装置时,由于综合布线系统的通信接地无法与其分开,或因场地受到限制不能保持规定的安全间距,所以应采取互相连接在一起的方法。例如,当在同一楼层有避雷带及均压网(高于 30 m 的高层建筑每层都设置)时,应将它们互相连通,使整幢建筑物的接地系统组成一个笼式的均压整体,这就是联合接地方式。其主要优点如下:

- 当建筑物遭受雷击时,楼内各点电位的分布比较均匀,工作人员和所有设备的安全将得到较好的保障。
- 较容易取得比较小的接地电阻值。
- 可节省地线金属材料,且占地少。

⑥ 当采用联合接地方式时,为了减少危险,要求总接线排的工频接地电阻不应大于 1 Ω 以限制接地装置上的高电位值出现。如果智能化建筑中有些设备对此有更高的要求,或建筑物附近有强大的电磁场干扰而要求接地电阻更小时,应根据实际需要采用其中最小规定值作为设计依据。

⑦ 智能化建筑内综合布线系统的有源设备的正极和外壳、主干电缆的屏蔽层及其连通线均应接地,并应采用联合接地方式。

习 题

1. 安装线槽的施工应该选择在建筑物的其他装修施工之前、之后、还是最后进行?请说明原因。

2. 信息插座模块上的 8 根触针中，与网卡上的数据收、发有关的分别是哪几根？
3. 配线架用于什么场合？跳线架用于什么场合？
4. 信息插座与地面的安装距离要求是多少？
5. 综合布线跳线什么时候使用直连线，什么时候使用交叉线？
6. 5 类线进行打线时，什么样的错误会造成网络运行速度很慢？时通时断？测试显示线对正确，却产生很大的近端串扰？
7. 安装 6 类电缆与 5 类电缆在哪些方面有区别？
8. 金属线槽敷设时，在哪些位置需要设置支架或者吊架？
9. 综合布线选择路由时，应考虑哪些因素？
10. 按照综合布线系统机房和设备的不同作用，可分为哪几种接地方式？

第5章 综合布线项目施工管理

◎ **本章要点**

- 施工组织管理
- 现场管理措施及施工要求
- 工程监理

◎ **学习要求**

- 掌握施工组织管理的组织机构及内容
- 掌握施工现场管理的内容及主要措施
- 掌握综合布线工程的施工步骤
- 理解工程监理的概念与组成
- 了解综合布线工程监理的实施步骤

5.1 施工组织管理

5.1.1 工程施工管理概要

综合布线是一个系统工程,要将一个优化的综合布线设计方案最终在建筑中完美体现,工程组织和工程实施是十分重要的环节。综合布线的工程组织和工程实施是时间性很强的工作,具有步骤性、经验性和工艺性的特点。综合布线工程要求施工单位具备工程组织能力、工程实施能力和工程管理能力,同时在施工中能进行施工管理、技术管理和控制工程质量。

工程管理需提供从技术与施工设计、设备供货、安装、调试、验收至交付的全方位服务,并能在进度、投资上进行有效监控。工程实践证明,一个有效的工程管理组织,不仅要对弱电系统和技术了如指掌,还要对与建筑物相关的各种规范非常熟悉,同时要加强与工程设计部门的联系,才能进行综合布线系统的施工设计。此外,还要加强与建筑项目其他承包商(如机电、土建、装修等)的协作或协调,与政府相关管理机构(建筑管理办、质检站等)的沟通。

综合布线系统工程涉及到高新技术,具有任务细节繁杂、技术性强的特点,为此在工程管理上需要采用设计管理和现场施工管理相结合的模式。设计管理侧重于对整体综合布线技术从需求、方案、设计到具体施工中所出现的切实问题予以关注和解决。设计管理会大量涉及到合同中产品的数量、型号等,因此,会出现许多诸如对产品质量、费用的控制及信息管理等问题。要更好地对合同管理、技术培训、技术交流和工程的维护保养等环节进行指导。

现场施工管理要做好安全工作。安全是建筑行业中最为关注的焦点,虽然综合布线属于弱电系统,没有土建、机电设备安装的那种作业,但身处建筑工地,必须时刻加强对工程人员的安全教育,建立安全生产管理机构,执行安全施工管理规定。

(1) 工程施工管理

工程施工管理包括施工进度管理、施工界面管理和施工组织管理。

(2) 工程技术管理

工程技术管理包括技术标准和规范的管理、安装工艺管理以及技术文件管理。

(3) 工程质量管理

为了更好地控制工程质量,要严格按照 ISO 9001 质量标准实施工程质量管理。工程质量管理包括:施工图的规范化和制图的质量标准、管线施工的质量检查和监督、配线柜的审查和质量要求、系统运行时的参数统计和质量分析、系统验收的步骤和方法、系统验收的质量标准、系统操作与运行时的规范和要求、系统的保养与维护的规范和要求等。

无论从工程设计、进货送货管理、施工控制、安装调度、工程进度、分包方的选择及控制还是从不合格品的控制等各方面都应建立全面和严格的质量管理方法和手段,以保证工程质量。

5.1.2 工程施工管理机构

针对综合布线工程的施工特点,施工单位要制定一整套规范的人员配备计划。在工程施工进度确定之后,按进度要求投入人员配备。通常,人员配备包括项目经理领导下的技术经理、物料(施工材料与器材)经理、施工经理的工程负责制管理模式。他们担任管理总监的职能,在具体施工中分为若干小组,这些职能小组并行交叉进行施工。

工程施工组织机构如图 5-1 所示。

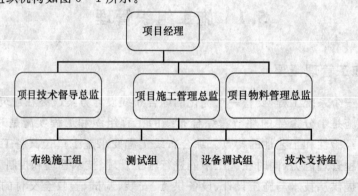

图 5-1 工程施工组织机构

项目经理:负责项目工程部的全面工作。包括统筹项目所有的施工设计、施工管理、工程测试及各类协调等工作。项目经理部一般包括技术、施工和物料职能等部门,并设有总监人员。

技术管理:负责审核设计,制定施工计划,检验产品性能指标,审核项目方案是否满足标书要求,监控工程进度,检验与监控工程施工质量,以及施工技术的指导和问题的解决;负责整个工程的资料管理,制定资料目录,保证施工图纸为当前有效的图纸版本;负责提供与各系统相关的验收标准及表格;负责制定竣工资料;负责本工程技术建档工作,收集验收所需的各种技术报告,协助整理本工程技术档案;负责提出验收报告。

施工管理:主要承担工程施工的各项具体任务。其下设布线组、测试组、设备调试组和技术支持组。各组的分工明确又可相互协调。

物料管理:主要根据合同及工程进度及时安排好库存和运输,为工程提供足够、合格的施工物料与器材。

5.1.3 项目管理人员组成

1. 组　成

针对工程规模、施工进度、技术要求和施工难度等特点,根据规范化的工程管理模式,拟订出一套科学的、合理的工程管理人事配置方案。表 5-1 是一个示例型的人事安排,实际的工程项目施工组织由施工单位根据自己的情况进行组建。

表 5-1 项目施工组织人员安排

项目经理部		
项目管理人员组成	所在部门	联系电话
工程主管		
项目经理		
项目副经理(总监)		
技术负责人		
质量安全负责人		
材料供应及设备采购负责人		
施工负责人		
动力维修负责人		
工程资料员		
布线组人员组成		
⋮		
测试组人员组成		
⋮		
设备调试组人员组成		
⋮		

2. 施工现场人员管理

① 制定施工人员档案。每名施工人员,包括分包商的工作人员,均须经项目经理审定具有合适的身份证明文件和相关经验,并将所有资料整理,记录及归档。

② 所有施工人员在施工场地内,均须配戴现场施工有效工作证,以资识别及管理。

③ 所有须进入施工场地的员工，均给予工地安全守则，并必须参加由工地安全负责人安排的安全守则课程。所有施工人员均需遵守制定的安全规定，违者可给予相应处理。

④ 当有关员工离职时，即时回收其工作证，更新人员档案并上报建设方相关人员。

⑤ 按照制定施工人员分配表，按照施工进度表，应工序性质委派不同施工人员。

⑥ 向施工人员发工作责任表，细述当天的工作程序，所需材料与器材，说明施工要求和完成标准。

5.2 现场管理措施及施工要求

5.2.1 现场管理措施

为确保工程优质、安全如期完工，应在领导力量配置，施工队伍选择，设备、材料采购及施工计划安排等方面做出相应的措施。

① 为了加强工程领导力量，工程应由有较丰富的工程管理经验的工程师任项目负责人，同时配备有现场施工经验和管理能力的工程师担任现场施工负责人。

② 加强施工计划安排，为了保质、保量、保工期、安全地完成这一任务，根据总工期要求，制定施工总进度控制计划，并在总进度计划的前提下制定出旬计划、周计划及每天的施工计划，目标层层分解，责任到人。

③ 根据施工设计，按照工程进度充分备足每一阶段的物料，安排好库存及运输，以保证施工工程中的物料供应。

④ 为了确保安全，施工人员进入现场必须佩带安全帽，严禁烟火，严禁使用电炉、气炉、煤气炉；在使用扶梯时要做好防滑处理。施工人员到现场施工，应采取必要的防盗措施。

⑤ 现场的临时用电，要遵循有关安全用电规定，服从现场建设单位代表的管理。带电作业时，随时做好监护工作。登高作业时，一定要系好安全带，并有他人进行监护。

5.2.2 现场施工要求

现场施工包括图纸会审、施工管理、技术交底、工程变更、施工步骤等。

1. 图纸会审

图纸会审是一项极其严肃和重要的技术工作。认真做好图纸会审工作，对于减少施工图中的差错，保证和提高工程质量有重要的作用。在图纸会审前，施工单位必须向建设单位索取基建施工图，负责施工的专业技术人员应认真阅读施工图，熟悉图纸的内容和要求，把疑难问题整理出来，把图纸中存在的问题等记录好，在设计交底和图纸会审时解决，并设计出布线施工图。

图纸会审，应有组织、有领导、有步骤地进行，并按照工程进展，定期分级组织会审工作。图纸会审工作应由建设方和施工方提出问题，设计人员解答。对于涉及面广、设计人员一方不能定案的问题，应由建设单位和施工单位共同协商解决办法。会审结果应形成纪要，由建设单位、施工单位、监理单位三方共同签字，并分发下去，作为施工技术资料存档。

2. 管理细则

（1）监察及报告

① 按计划安排施工进度及设计工期，对所有工地人员介绍整个工程计划，明确委派每一

位人员的责任及从属。

② 实施施工人员管理计划,确保所有人员履行所属责任,每天到工地报到,并分配当天工作任务及所需设备和工具。

③ 班组长每天巡视工地,确保工程进度如期进行及达到施工标准。如施工环境发生特殊情况,立刻通知项目经理部,必要时同时通知用户,以做出适当处理。

④ 如发生特殊情况,应立即采取措施同时告知项目经理部,做出书面报告并存档。

⑤ 施工组主管每天提交当天施工进度报告及归档。

⑥ 项目管理批阅有关报告后,可按需要适当调动人员及调整施工计划,以确保工程进度。

⑦ 每周以书面形式向总工程师、监理方、建设方提交工程进度报告。

⑧ 召开与工地管工的定期会议,了解工程的实施进度及问题,按不同情况及重要性,检查及重新制定施工方向、程序及人员的分配,同时制定弹性人员调动机制,以便工程需加快或变动进度时予以配合。

⑨ 每日巡查施工场地,检查施工人员的工作操守,以确保工程的正确运行及进度。如发现员工有失职或失责,可按不同情况及程度发出警示或处理。

(2) 施工原则

① 坚持质量第一,确保安全施工;按计划与基建施工配合。

② 严格执行基本施工安装工序和技术监管的要求。

③ 严格按照标准执行,保证工程的质量,确保其可靠性和安全性。

④ 协调多工序、多工种的交叉作业。

(3) 编制现场施工管理文件

现场施工管理文件编制内容包含以下内容。

① 现场技术安全交底、现场协调、现场变更、现场材料质量签证、现场工程验收单。

② 工程概况包括:工程名称、范围、地点、规模、特点、主要技术参数、工期要求及投资等。

③ 施工平面布置图,施工准备及其技术要求。

④ 施工方法图、工序图、施工计划网络图。

⑤ 施工技术措施与技术要求。

⑥ 施工安全、防火措施。

(4) 编制与审批程序

施工方案经项目技术组组长审核,建设方和监理负责人(主任工程师)复审,建设方技术监管认可后生效并执行。

(5) 施工方案的贯彻和实施

施工方案编制完成后,在施工前应由施工方案编制人向全体施工人员、质检人员和安全人员进行交底(讲解)。项目主管负责方案的贯彻,各级技术人员应严格执行方案的各项要求,在方案经批准下达后,各级技术人员必须严肃认真地贯彻执行,未经批准的方案或不齐备的方案不得下达。必须严肃工艺纪律,各级技术人员都不得随意更改方案的内容,如因施工条件变化,方案难以执行,或方案内容有不切合实际之处,应逐级上报,经变更签证后,方准执行新规定。工程竣工后,应认真进行总结,提交方案实施的书面文件。

3. 技术交底

技术交底涉及基建设计单位、甲方及施工单位。技术交底工作应分级进行,分级管理,并定期按周进行交流,召开例会。

技术交底的主要内容包括:施工中采用的新技术、新工艺、新设备、新材料的性能和操作使用方法。技术交底应做好记录。

4. 工程变更

经过图纸会审和技术交底工作之后,会发现一些设计图纸中的问题和用户需求的改动,或随着工程的进展,不断会发现一些新问题。这时也可能再修改设计图纸,采用设计变更的办法,将需要修改和变更的地方,填写工程设计变更联络单。变更单上附文字说明,或附大样图和示意图。当收到工程变更单时,应妥善保存,它也是施工图的补充和完善性的技术资料,应对相应的施工图,认真核对,在施工时应按变更后的设计进行。工程变更单作为竣工图的重要依据,同时也是交付竣工的资料,应归档。

5. 施工步骤

(1) 施工过程

施工过程可分为三阶段进行:

① 施工准备阶段:阅读和熟悉基建施工图纸,绘制布线施工设计和施工图,订购设备、材料以及到货清点验收、入库,布线管槽定制,人员组织准备等。

② 施工阶段:协调土建、装修、电器、机电等,开展施工,预埋电缆电线保护管各支持固定件,固定接线箱等。

③ 设备安装阶段:进行设备安装。

(2) 施工步骤

根据具体项目的施工规模、工期,调配好施工步骤,确立重点,采取对策。工程施工步骤包含在详细的施工进度计划内,进入现场后,进一步细化。

① 施工准备:施工设计图纸的会审和技术交底,由甲方组织建设方的技术人员及工长参加,由建设方技术人员根据工程进度提出施工用料计划,施工机具和检验工具及仪器的配备计划,同时结算施工劳动力的配备,做好施工班组的安全、消防、技术交底和培训工作。

② 配合主体结构和装修:熟悉结构和装修预埋图纸,校清预埋位置尺寸以及有关施工操作、工艺、规程、标准的规定及施工验收规范要求。随结构、装修工程的进度,监督好管盒预埋安装和线槽敷设工作,做到不错、不漏、不堵。当分段隐蔽工程完成后,应配合甲方及时验收并及时办理隐检签字手续。

③ 材料与器材开箱检查:该检查由设备材料组负责人及技术和质量监理参加,将已到施工现场的设备、材料做直观上的外观检查,保证无外伤损坏,无缺件。清点备件,核对设备、材料、电缆、电线及备件的型号规格、数量是否符合施工设计文件以及清单要求,并及时填写开箱检查报告。仓库管理员应填写材料库存统计表与材料入库统计表,如表5-2、表5-3所列。

表5-2 材料库存统计表

序　号	材料名称	型　号	单　位	数　量	备　注
1					
2					

审核: 统计: 日期:

表5-3 材料入库统计表

序号	材料名称	型号	单位	数量	备注
1					
2					

审核： 仓管： 日期：

工程领用材料需要填写材料领用表,经项目经理审批后仓管方可给予发货,填写的领料表,如表5-4所列。

表5-4 领用材料统计表

序号	材料名称	型号	单位	数量	备注
1					
2					

审核： 领用人： 日期：

④ 施工完成后由质量监理组负责,严格按照施工图纸文件的要求和有关规范规定的标准对设备及路线等进行验收。

⑤ 在设备端接,测试完毕后,由质量监理组和技术支持组,按施工设计有关规程规定,组织有关人员进行认真的检查和重点的抽查,确认无误以及合乎有关规定后,再进行竣工资料整理和报验工作。

6. 施工安全注意事项

① 做到无施工方案不施工,有方案工作任务没交底不施工。施工班组要认真做好安全上岗组织活动及记录。严格执行操作规程,违章作业的指令有权拒绝,并有责任制止他人违章作业。

② 进入施工现场必须严格遵守安全生产纪律,严格执行安全生产规程。施工作业时必须正确穿戴个人防护用品,进入施工现场必须戴安全帽。不许私自用火,严禁酒后操作。

③ 从事高空作业人员要定期体检。凡患有高血压、心脏病、贫血症、癫痫病以及不适于高空作业的,不得从事高空作业。

④ 脚手架搭设要有严格的交接和验收制度,未经验收的不得使用。各种竹木梯必须有防滑措施,施工时严禁擅自拆除各种安全措施,对施工有影响而非拆除不可时,要得到有关负责人同意,并采取加固措施。在高空、钢筋、结构上作业时,一定要穿防滑鞋。

⑤ 严格安全用电制度,遵守《施工现场临时用电安全技术规范》(JCJ46—88),临时用电要布局合理,严禁乱拉乱接。在潮湿处、地下室及管道竖井内施工应采用低压照明。现场用电,一定要有专人管理,同时设专用配电箱,严禁乱接乱拉。采取用电牌制度,杜绝违章作业,防止人身、线路、设备事故的发生。垂直运输的各种材料一定要捆牢、安全可靠。

⑥ 电钻、电锤、电焊机等电动机具用电及配电箱必须要有保护装置和良好的接地保护地线,所有电动机具和线缆必须定期检查,保证绝缘良好,使用电动机具时应穿绝缘鞋,戴绝缘手套。

7. 施工进度管理

① 在总体施工进度计划指导下,由项目经理编制季、月、周施工作业计划,由专业施工技术督导员负责向施工队分配工作和组织实施。

② 项目部每周召开由专业施工技术督导员、各子系统施工班组负责人参加的进度协调会,及时检查协调各子系统工程进度并解决工序交接的有关问题。公司定期召开各有关部门会议,协调部门与项目部之间有关工程实施的配合问题。

③ 项目经理按时参加甲方召开的生产协调会仪,及时处理与有关施工单位之间的施工配合问题,及时反映施工中存在的问题,以确保整个工程的顺利及同步进行。

8. 施工协调

工程实施与土建工程在时间进度上要有良好的配合。施工过程中可能要处理与土建工程、机电安装、弱电安装在时间进度上的配合问题。为了保证系统在施工过程中有条不紊地按一定顺序衔接进行下去,其中的工序应加以注意和遵循。根据在工程管理和工程施工方面的经验,总结出在工程安装前期必须完成的环节。

① 施工图会审。图纸会审是一项极其严肃和重要的技术工作。认真作好图纸会审工作,对于减少施工图的差错,保证和提高工程质量有重要的作用。在图纸会审前,项目组向建设单位、监理单位及其他项目分包单位提供详细施工图,各单位应认真阅读施工图,熟悉图纸的内容和要求,把疑难问题整理出来,把图纸中存在的问题记录下来,在设计交底和图纸会审时解决。

图纸会审分别由建设单位、监理方和系统设备供应商有步骤地进行。会审结果应形成纪要,由设计、建设、施工各方共同签字,作为施工图的补充技术文件。

② 施工时间表。该时间表的主要时间段包括:系统设计、设备生产与购买、管线施工、设备验收、设备安装、系统调试、培训和系统验收等,同时工程施工界面协调和确认应形成机要或界面协调文件。

③ 工程施工技术交底。技术交底包括对各分系统承包商、机电设备供应及安装商、监理公司,以及综合布线项目组内部和施工班组的交底工作,它们应分级分层次进行。

需要着重指出的是综合布线项目组内部的技术交底工作的目的:一是为了明确所承担施工任务的特点、技术质量要求、系统的划分、施工工艺、施工要点和注意事项等,做到心中有数,以利于有计划、有组织地多快好省地完成任务,项目组长可以进一步帮助技术员理解消化图纸;二是对工程技术的具体要求、安全措施、施工程序以及配制的工机具等作详细的说明,使责任明确,各负其责。

5.2.3 施工配合

为保证布线工程的顺利进行,针对综合布线工程的施工户外部分面积大小、施工难度高低,楼宇是否在建的情况,要求建设方协助提供施工配合。

一般综合布线工程的施工是比较复杂的,要与各种专业交叉作业。它主要包括土建、装修、给排水、采暖通风和电气安装等专业的交叉施工。在施工中,如果某一专业的施工只考虑本专业或工种的进度,势必影响其他的工种施工,这样本专业的施工也很难完成。即使在某阶段,由于本工种受其他工种的影响不大而能完成任务,有时会造成经济上或质量上的损失,所以在施工中的协调配合,是十分重要的。

对管线槽的架设、电缆电线保护管的预埋和各种支持件、固定件的安装,都需要在装修施工中预放和预留孔洞,这样,不但能提高安装质量,而且能加快施工进度,提高生产效率,保证施工过程的安全。各施工专业间的相互协调配合,能使弱电装置安装得整洁美观。随着现代设计和施工技术的不断发展,许多新结构、新工艺层出不穷,施工项目不断增加,建筑安装空间不断缩小,施工中的协调配合,愈加显得重要。

在户外光纤敷设工程开工前,综合布线技术人员应会同土建施工技术人员共同查对土建、煤气系统、给排水系统、消防系统和综合布线施工图纸,对有关管线槽的预埋等,要在不破坏不影响系统传输性能的条件下准确地定位,合理地排出施工计划,以防遗漏和发生差错,尤其是梁、柱、天花、地面的安装办法和施工程序。完成各种预埋孔洞制作后,做好必要的防腐处理。

在综合布线工程施工中,关于基础施工中的配合应做好接地工程;做好地坪中配管的过墙孔、电缆过墙保护管和进线管的预埋工作。预留孔的做法,要根据其用途来决定。地坪内配管的过墙孔尺寸应根据线管外径、根数和埋设部位来决定。

各种配合安装施工方法,均为管线安装。应会同建设单位和施工单位的质量监督人员进行检查验收。埋于基础下的钢管一般为镀锌管,经质量检查,合格认可后方可覆盖,并填写好"隐蔽工程记录表"。

5.2.4 质量保证措施

一个良好的布线系统,除需要有优良的系统设计外,施工过程及管理都极为重要。每个工序及地方都要密切注意,并需要有受过专业训练及有丰富经验的人员进行施工及督导,才可保证整个布线系统达到要求。

为确保施工质量,在施工过程中,项目经理、技术主管、质检工程师、建设单位代表、监理工程师共同按照施工设计规定、设计图纸要求对施工质量进行检查。

现场成立以项目经理为首,由各分组负责人参加的质量管理领导小组,对工程进行全面质量管理,建立完善的质量保证体系与质量信息反馈体系,对工程质量进行控制和监督,层层落实"工程质量管理责任制"和"工程质量责任制"。

在施工队伍中开展全面质量管理基础知识教育,努力提高职工的质量意识,实行质量目标管理,创建"优质"工程,使工程质量等级必须达到优良。

认真落实技术岗位责任制和技术交底制度,每道工序施工前必须进行技术、工序、质量交底。

认真做好施工记录,定期检查工程质量和相应的资料,保证资料的鉴定、收集、整理、审核与工程同步。

对原材料进场必须有材质证明,取样检验合格后方准使用。各种器材成品、半成品进场必须有产品合格证,无证材料一律不准进场,进场材料派专人看管以防丢失。

推行全面质量管理,建立明确的质量保证体系,坚持质量检查制、样板制和岗位责任制,坚持高标准严要求。各项工作预先制定标准样板材料和制作方法,进场材料认真检查质量,施工中及时自查和复查,完工后认真全面进行检查和测试。

认真做好技术资料和文档工作,对于各类设计图纸资料仔细保存,对各道工序的工作认真做好记录和文字资料,完工后整理出整个系统的文档资料,为今后的应用和维护工作打下良好的基础。

5.2.5 安全保障措施

1. 建立安全制度

建立安全生产岗位责任制,项目经理是安全工作的第一责任者。现场应设专职质安员一名,以加强现场安全生产的监督检查。整个现场管理要把安全生产当作头等大事来抓,坚持实行安全值班制度,认真贯彻执行各项安全生产的政策及法令规定。

在安排施工任务的同时,必须进行安全交底,且有书面资料和交接人签字。施工中认真执行安全操作规程和各项安全规定,严禁违章作业违章指挥。

施工方案要分别编制安全技术措施,书面向施工人员交底。现场机电设备防火安全设施要有专人负责,其他人不得随意动用。电闸箱要上锁并有防雨措施。注意安全防火,在施工现场挂设灭火器,施工现场严禁吸烟,明火作业应有专职操作人员负责管理,并持证上岗。设立安全防火领导小组。

2. 贯彻安全计划

现场施工质安员必须对所有施工人员的安全及卫生的工作环境负有重要责任。质安员应及时对施工人员训练和指导,以在不同工作环境中施行安全保护措施,并且要求每位施工人员执行公司关于安全和卫生的有关规则和法令。

安全监督员代表必须出席每次的现场协调会议和安全工作会议,及时反应工地现场的安全隐患和安全保护措施。会议内容应当明显地写在工地现场办公地点的告示牌上。

如果出现安全问题或事故,施工人员必须马上向安全管理员报告整个的伤害情况。为防止意外事故,位于危险工作地点工作的每个人应获得指导性的培训,并对施工操作给予系统的讲解。直接发给每个人紧急事件集合点地图和注意事项。在发生危险出现死亡或严重身体伤害时,应立刻通知本单位和业主以及当地救护中心,并在 24 小时以内,提交关于事故的详细书面报告,同时也向建设方提交一份安全报告。

如有严重或多次违反安全制度、或法令规则、或任何漠视人身安全的员工,必须向项目经理报告,并加以处理。

5.2.6 成本控制措施

随着综合布线系统的越来越规范化,综合布线系统市场的竞争也越来越激烈,该行业基本进入了微利时代。因此,要想立足于综合布线行业,如何把成本降低到最满意的程度成为关键。降低工程成本,其关键在于搞好施工前计划、施工过程中的控制以及工程实施完成后的经济分析。

1. 施工前计划

在项目开工前,项目经理部应做好前期准备工作,选定先进的施工方案,选好合理的材料商和供应商,制定出详细的项目成本计划,做到心中有数。

(1) 制定实际合理且可行的施工方案,拟定技术人员组织措施

施工方案主要包括:施工方法的确定,施工器械、工具的选择,施工顺序的安排和流水施工的组织。施工方案不同,工期就会不同,所需机械、工具也不同。因此,施工方案的优化选择是工程施工中降低工程成本的主要途径。制定施工方案要以合同工期和建设方要求为依据,与实际项目的规模、性质、复杂程度、现场等因素综合考虑。尽量同时制定出若干个施工方案,互相比较,从中优选最合理、经济的方案。工程技术人员、材料员、现场管理人员应明确分工,形成落实技术组织措施的一条合理的链路。

(2) 做好项目成本计划

成本计划是项目实施之前所做的成本管理初期计划,是项目运行的基础和先决条件,其根

据内部承包合同来确定目标成本。应根据施工组织设计和生产要素的配置等情况,按施工进度计划,确定每个项目的周期成本和项目总成本,计算出盈亏的平衡点和目标利润,作为施工过程中控制生产成本的依据,使项目经理部人员及施工人员无论在工程进行到何种进度,都能事前清楚知道自己的目标成本,以便采取相应手段控制成本。

2. 施工过程中的控制

在项目施工过程中,根据所选的技术方案,严格按照成本计划进行实施和控制,包括对材料费、人工消耗和现场管理费用的控制等。

(1) 降低材料成本

实行三级收料及限额领料。在工程建设中,材料成本占整个工程成本的比重最大,一般可达70%左右,而且有较大的节约潜力,往往在其他成本出现亏损时,要靠材料成本的节约来弥补。因此,材料成本的节约,也是降低工程成本的关键。组成工程成本的材料包括主要材料和辅助材料。主要材料是指构成工程的主要材料,例如光缆、超5类UTP线缆、接插件等;辅助材料是完成工程所必需的手段材料,例如PVC线槽/线管、水泥等。对施工主要材料实行限额发料,按理论用量加合理损耗的办法与施工队结算,节约给予奖励,超出由施工队自行负担,促使施工队更合理地使用材料,减少了浪费损失。

要合理确定工程实施中实际的应发数量,这种数量的确定可以是由项目经理确认的数据。其次是要推行三级收料。三级收料是限额发料的一个重要环节,是施工队对项目部采购材料的数量给予确认的过程。所谓三级收料,就是首先由收料员清点数量,记录签字;其次是材料部门的收料员清点数量,验收登记;再由施工队清点并确认。如发现数量不足或过剩时,由材料部门解决。应发数量及实发数量确定后,在施工队施工完毕后,对其实际使用的数量再次确认。

(2) 组织材料合理进出场

工程具体项目涉及的材料往往种类繁多,所以合理安排材料进出场的时间特别重要。首先应当根据施工进度编制材料计划,并确定好材料的进出场时间。如果进场太早,就会早付款给材料商,增加资金压力,还将增加二次搬运费。有时候因现场的情况较为复杂,有较多的人为不可控制的情况发生,导致工程中材料的型号及数量有所变化,需重新订货,增加成本;若材料进场太晚,不但影响进度,还可能造成误期罚款或增加赶工费。其次应把好材料领用关和材料使用关,降低材料损耗率。材料的损耗由于品种、数量、敷设的位置不同,其损耗也不一样。为了降低损耗,项目经理应组织工程师和造价工程师,根据现场实际情况与工程商确定一个合理损耗率,由其包干使用,节约双方分成,让每一个工程商或施工人员在材料用量上都与其经济利益挂钩,降低整个工程的材料成本。

(3) 节约现场管理费

施工项目现场管理费包括临时设施费和现场经费两项内容。此两项费用的收益是根据项目施工任务而核定的,但支出却并不与项目工程量的大小成正比,而主要由项目部自己来支配。综合布线工程工期将视工程大小可长可短,但无论如何,其临时设施的支出仍然是一个不小的数字,一般来说应本着经济适用的原则布置。对于现场经费的管理,应抓好如下工作:一是人员的精简;二是工程程序及工程质量的管理,一项工程在具体实施中往往受时间、条件的限制而不能按期顺利进行,这就要求合理调度;三是建立QC小组,促进管理水平不断提高,减少管理费用支出。

3. 工程实施完成后经济分析

事后分析是总结经验教训及进行下一个项目事前科学预测的开始,是成本控制工作的继续。在坚持综合分析的基础上,采取回头看的方法,及时检查、分析、修正、补充,以求达到控制成本和提高效益的目标。

根据项目部制定的考核制度,对成本管理责任部室、相关部室、责任人员、相关人员及施工队进行考核,考核的重点是完成工作量、材料、人工费及机械使用费四大指标,根据考核结果决定奖罚。

工程成本控制的注意事项如下:

① 加强现场管理,合理安排材料进场和堆放,减少二次搬运和损耗。

② 加强材料的管理工作,做到不错发、领错材料,不丢窃遗失材料,施工班组要合理使用材料,做到材料精用。在敷设线缆当中,既要留有适当余量,还应力求节约,不浪费。

③ 材料管理人员要及时组织使用材料的发放,施工现场材料的收集工作。

④ 加强技术交流,推广先进施工方法,积极采用先进科学的施工方案,提高施工技术。

⑤ 积极鼓励员工"合理化建议"活动的开展,提高施工班组人员的技术素质,尽可能地节约材料和人工,降低工程成本。

⑥ 加强质量控制、加强技术指导和管理,做好现场施工工艺的衔接,杜绝返工,做到一次施工,一次验收合格。

⑦ 合理组织工序穿插,缩短工期,减少人工、机械及有关费用的支出。科学合理安排施工程序,搞好劳动力、机具、材料的综合平衡,向管理要效益。

5.2.7 施工进度管理

对于一个可行性的施工管理制度而言,实施工作是响影施工进度的重要因素,如何提高工程施工的效率从而保证工程如期完成,那就需要依靠一个相对完善的施工进度计划体系。工程施工进度表如表 5-5 所列。

表 5-5 综合布线系统工程施工进度表

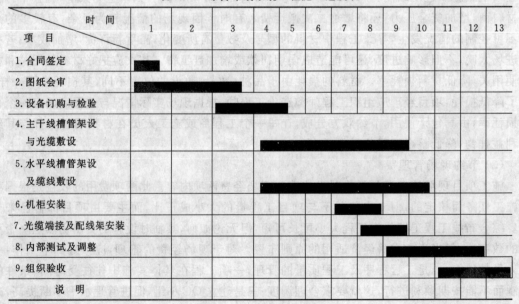

5.2.8 施工机具管理

由于工程施工需要,施工时会有许多施工机具、测试仪器等设备或工具,这些机具的管理也是工程管理的内容之一,同时也是提高工程效率、降低成本的有效措施之一,在工程管理中应重视。通常施工机具最常用和有效的管理办法是:

① 建立施工机具使用及维护制度;
② 实行机具使用借用制度。

表5-6所列是一份机具设备借用卡。

表5-6 机具设备借用卡

借用人		部 门			借用时间	归还时间
序 号	设备名称	规格型号	单 位	数 量		
1						
2						
3						
4						
5						
6						
审批人:		借用人签字:				

5.2.9 技术支持及服务

坚持为客户服务的宗旨,对布线工程的运行、使用、维护以及有关部门人员的培训,提供全面的技术支持和服务。

1. 文档提交

向用户提供布线系统的设计资料,包括:设计文档、图纸及产品证明材料。并且向用户提供布线路径图、跳接线图,在所有的连接件上作上标签,帮助用户建立布线档案。

2. 用户人员培训

为了保证系统的正常运行,需对有关人员进行培训。在安装过程中应现场为用户免费培训工程师,使他们熟悉布线系统工程的情况,了解布线系统的设计,掌握基本的布线安装技能,今后能够独立管理布线系统,并且能够解决一些简单的问题。

3. 竣工后技术维护

施工方应根据工程合同承诺为建设单位提供维修、维护服务。保修期为一年,由竣工验收之日计起,签发"综合布线系统工程保修书"和"安装工程质量维修通知书"。质保期满后,施工单位提交一式三份年鉴报告,建设单位签字后,证明质保期满。

施工单位在质保期内应将所提供给建设单位的全部设备提供维护、维修和保养服务。每月施工单位派专业工程师前往现场,并无偿提供正常运行情况下在保修期限内损坏的零配件。若因建设单位人为因素造成了零部件的损坏,则建设单位需提供材料及零部件清单,费用由建设单位承担。

对保修期已过的工程的保养及维修,施工单位应本着负责到底的宗旨,一律予以保修。例如设备发生故障或需更换时,施工单位应在建设单位认可的合理时间内尽快提供维修服务,建设单位则需提供材料及零部件清单,费用由建设单位承担。此外,施工单位还应根据合同及时提供各系统的备件、备品。

工程竣工后一段时期内,由施工单位工程部定期组织有关领导及现场施工管理和专业技术人员,进行工程质量回访,听取客户意见,保证系统良好运行。施工单位对工程的保养、保修,实行及时响应,第一时间对质量及系统问题作处理,确保系统正常运行。

施工单位在系统安装过程中和安装完毕后,应及时向建设方交接人员详细介绍系统的结构,示范系统的使用,讲解系统的使用注意事项。使经过现场培训的建设方人员,能独立完成综合布线系统操作及日常维护、保养工作。

5.3 工程监理

5.3.1 工程监理的意义和责任

综合布线工程监理是指在综合布线建设过程中,由建设方委托,为建设方提供工程前期咨询、方案论证、工程施工监管,对工程质量控制开展的一系列的监理服务工作。工程监理帮助建设方完成工程项目建设目标,是实现优质工程的保障。当前,大型综合布线工程项目,通常都需要实施监理过程。一项工程建设的全过程涉及建设、施工和施工监理三方,各自行使相应的职责和义务,共同协作完成建设任务。

对于综合布线工程,通常工程监理承担以下责任和义务。

1. 帮助建设方做好需求分析

深入了解工程承包企业各方面的情况,与建设方、工程承包商共同协商,提出可行的监理方案。

2. 帮助建设方选择施工单位

工程是否按期完成,质量是否得到保障,工程成本是否得到控制,在很大程度上取决于工程承包商。优秀的综合布线施工企业应该是:

- ➢ 有较强的经济和技术实力,好的工程设计与施工队伍;
- ➢ 有丰富的综合布线工程经验及较多典型成功案例;
- ➢ 有完备的工程质量服务体系;
- ➢ 有良好的信誉。

3. 帮助工程建设方控制工程进度

工程监理人员帮助建设方掌握工程进度,按期分段对工程实施阶段性验收,保证工程能够按期进行,高质量地完成。工程监理人员应严格遵循相关标准,实施对工程过程和质量的监理。

4. 工程监理对工程质量负有法律规定的责任

通常,根据我国有关法律规定,工程监理对工程的质量负有相应的责任。因此,工程监理人员必须根据有关国家规定,具有相应的监理职业资格证,监理公司(部门)具有监理资质,才能承接工程监理项目。

5.3.2 工程监理的内容

工程监理最主要的职责就是按照相关法规、技术标准严把工程质量关。

① 评审综合布线系统方案是否合理,所选工程器材、材料及设备质量是否合格,能否达到建设方的要求。

② 建设过程是否按照批准的设计方案进行。

③ 工程施工过程是否按照有关国家或国际布线标准进行。

④ 工程质量按期阶段性的监测和验收。

5.3.3 工程监理实施步骤

综合布线工程监理的一般实施步骤划分为网络综合布线系统需求分析阶段、综合布线工程招投标阶段、综合布线工程实施阶段和保修阶段共有4个阶段。

1. 综合布线系统需求分析阶段

本阶段主要完成用户网络系统分析,包括综合布线系统及其网络应用的需求分析,为用户提供监理方的工程建设方案。

(1) 综合布线需求分析

对用户实施综合布线的相关建筑物进行实地考察,由建设方提供建筑工程图,了解相关建筑物的建筑结构,分析施工难易程度。需了解的其他数据包括:中心机房的位置、信息点数、信息点与中心机房的最远距离、电力系统供应状况以及建筑接地等情况。

(2) 提供监理方案

根据在综合布线需求分析中了解的数据,给用户提交一份工程监理方案。

2. 网络综合布线工程招标投标阶段

这个阶段主要协助建设方完成招、投标工作,确定工程施工单位。

① 根据建设方项目需求阶段提交的监理方案,与建设方共同组织编制工程招标文件,协助用户进行招标工作的前期准备工作。

② 发布招标通告或邀请函,负责工程有关问题的咨询。

③ 接受投标单位递送的投标书。对投标单位资格、行业资质等进行审查。审查内容包括:企业注册资金、网络集成工程、技术人员实力、各种网络代理资格属实情况、各种网络资质证书的属实情况等。

④ 协助建设方邀请专家组成评标委员会,进行开标、评标、决标、受标及签定合同工作。

3. 网络综合布线工程实施阶段

这个阶段将进入网络建设的实质阶段,关系着网络工程能否保质保量按期完成。包括由总监理工程师编制监理规则等工作。

① 对工程材料进行检验,检查工程合同执行情况及进度审核。

② 进行工程测试,根据测试结果判定施工质量是否合格,合格则继续履行合同,若某些项目不合格,则敦促施工单位根据测试情况进行整改,直至测试达到既定工程标准。

③ 提供详实的工程测试报告。

④ 根据工程合同进行工程验收,整理验收结果文档。

⑤ 审核施工进度,根据实际施工情况,协助施工单位解决可能出现的问题,确保工程如期进行。

⑥ 协助工程建设方组织验收工作,包括验收委员会的组建,工程验收技术指标及参数的确定等。验收主要包括合同履行情况、工程是否达到预期效果、各种技术文档是否齐全、规范等。

⑦ 项目验收后,敦促建设方按照合同付款给工程施工方。

4. 网络综合布线系统保修阶段

本阶段完成可能出现的质量问题的协调工作。

① 定期走访用户，检查系统运行状况。
② 出现质量问题，确定责任方，敦促解决。
③ 保修期结束，与布线工程项目建设方商谈监理结束事宜。
④ 提交监理业务记录手册。
⑤ 签署监理终止合同。

5.3.4 工程监理组织结构

工程监理方应任命总监理工程师、监理工程师、监理人员，并且向业主方通报；明确各工作人员职责，合理分工，科学有效地组织运转。以下简述其岗位责任。

1. 总监理工程师

负责协调各方面关系，组织监理工作，任命委派监理工程师，定期检查监理工作的进展情况，并且针对监理过程中的工作问题提出指导性意见；负责审查施工方提供的需求分析、系统分析、网络设计等重要文档，提出改进意见；主持双方重大争议纠纷，协调双方关系，针对施工中的重大失误签署返工令。

2. 监理工程师

接受总监理工程师的领导，负责协调各方面的日常事务，具体负责监理工作。包括审核施工方按照合同提交的网络工程、软件文档，检查施工方工程进度与计划是否吻合，主持双方的争议解决，针对施工中的问题进行检查和督导。起到解决问题、正常工作的目的。监理工程师有权向总监理工程师提出合理化建议，并且在工程的每个阶段向总监理工程师提交监理报告，使总监理工程师及时了解工作进展情况。

3. 监理人员

接受监理工程师的领导，负责具体的监理工作。包括具体硬件设备验收、具体布线和网络施工督导，并且每个监理要编写监理日志并向监理工程师汇报。

5.3.5 工程验收及优化

工程验收的主要任务是根据网络综合布线工程的技术指标、规范进行验收，依据对竣工工程是否达到设计功能目标（指标）进行评判，没有达到要求的工程还需要进行整改优化。

习 题

1. 简述工程施工管理的组织机构及内容。
2. 简述工程现场管理的内容及主要措施。
3. 简述综合布线工程的施工步骤。
4. 简述如何控制综合布线成本。
5. 简述工程监理的概念与组成。

第6章 工程测试与验收

本章要点

- 测试类型
- 认证测试标准、模型及参数
- 光纤传输链路测试技术参数
- 常用测试仪表及使用
- 光纤测试
- 工程验收
- 竣工验收

学习要求

- 掌握验证测试和认证测试的内容及作用
- 理解认证测试的标准、模型及参数
- 掌握光纤传输链路测试的技术参数
- 掌握常用测试仪表的使用方法
- 掌握光纤测试的方法
- 掌握综合布线工程验收和竣工验收的基本内容

6.1 测试类型

要保证综合布线工程的施工质量,除了要有一支素质高、经过专门训练、工程经验丰富的施工队伍来完成工程任务外,更重要的是需要一套科学有效的测试手段来监督工程施工质量。布线测试一般分为验证测试和认证测试两类。

6.1.1 验证测试

验证测试又叫随工测试,是边施工边测试。主要检测线缆的质量和安装工艺,及时发现并纠正所出现的问题,避免整个工程完工时才测试发现问题,重新返工,耗费不必要的人、财、物。验证测试不需要使用复杂的测试仪,只需要能测试接线通断和线缆长度的测试仪。因为在工程竣工检查中,短路、反接、线对交叉、链路超长等问题约占整个工程质量问题的 80%,这些质量问题在施工初期通过重新端接,调换线缆,修正布线路由等措施比较容易解决。若等到工程完工验收阶段再发现这些问题,解决起来就比较困难。

6.1.2 认证测试

认证测试又叫验收测试,是所有测试工作中最重要的环节。通常在工程验收时,要对布线系统的安装、电气特性、传输性能、工程设计、选材以及施工质量进行全面检验,认证测试是评价综合布线工程质量的科学手段。综合布线系统的性能不仅取决于好的方案设计、工程器材的质量,同时也取决于施工工艺。认证测试是检验工程设计水平和工程质量的总体水平行之有效的手段。

认证测试通常分为自我认证和第三方认证两种类型。

(1) 自我认证测试

这项测试由施工方自行组织,按照设计施工方案对工程所有链路进行测试,确保每一条链路都符合标准要求。如果发现未达标准的链路,应进行整改,直至复测合格。同时,编制确切的测试技术档案,写出测试报告,交建设方存档。测试记录应当做到准确、完整、规范,便于查阅。由施工方组织的认证测试,可邀请设计、施工监理多方参与,建设单位也应派遣网管人员参加这项测试工作,已便了解整个测试过程,方便日后管理与维护系统。

认证测试是设计、施工方对所承担的工程进行的一个总结性质量检验,施工单位承担认证测试工作的人员应当经过测试仪表供应商的技术培训并获得认证资格。如使用 FLUKE 公司的 DSP4000 系列测试仪,必须获得 FLUKE 布线系统测试工程师"CCTT"资格认证。

(2) 第三方认证测试

布线系统是网络系统的基础性工程,工程质量将直接影响建设方网络能否按设计要求顺利开通运行,能否保障网络系统数据正常传输。随着支持吉比特以太网的超 5 类及 6 类综合布线系统的推广应用和光缆在综合布线系统中的大量应用,工程施工的工艺要求越来越高。越来越多的建设方,既要求布线施工方提供布线系统的自我认证测试,同时也委托第三方对系统进行验收测试,以确保布线施工的质量,这是综合布线验收质量管理的规范。

第三方认证测试目前采用两种做法:

① 对工程要求高,使用器材类别多,投资较大的工程,建设方除要求施工方要做自我认证测试外,还邀请第三方对工程做全面验收测试。

② 建设方在要求施工方做自我认证测试的同时,请第三方对综合布线系统链路做抽样测试。按工程大小确定抽样样本数量,一般 1 000 信息点以上的抽样 30%,1 000 信息点以下的抽样 50%。

衡量、评价综合布线工程的质量优劣,唯一科学、有效的途径就是进行全面的现场测试。

6.2 认证测试标准

测试和验收综合布线工程,须有公认的标准。国际上制订布线测试标准的组织主要有:国际标准化委员会(ISO/IEC)、欧洲标准化委员会(CENELEC)和北美的工业技术标准化委员会(TIA/EIA)。国内也有《建筑与建筑群综合布线系统工程验收规范》GBT-T-50312—2000 等标准。

1. ANSI/EIA/TIA 制定的 TSB-67 现场测试的技术规范

国际上第一部综合布线系统现场测试的技术规范是由 ANSI/EIA/TIA 委员会在 1995 年 10 月发布的 TSB-67《现场测试非屏蔽双绞线(UTP)电缆布线系统传输性能技术规范》,它叙述和规定了电缆布线的现场测试内容、方法和对仪表精度的要求。

TSB 67 规范包括以下内容：
- 定义了现场测试用的两种测试链路结构；
- 定义了 3、4、5 类链路需要测试的传输技术参数(具体说有 4 个参数：接线图、长度、衰减、近端串扰损耗)；
- 定义了在两种测试链路下各技术参数的标准值(阈值)；
- 定义了对现场测试仪的技术和精度要求；
- 现场测试仪测试结果与试验室测试仪器测试结果的比较。

测试涉及的布线系统，通常是在一条缆线的 2 对线上传输数据，可利用的最大带宽为 100 MHz，最高支持 100Base-T 以太网。

2. ANSI/EIA/TIA 568 现场测试的技术规范

自 TSB-67 发布以来，网络传输速率和综合布线技术进入了高速发展时期，综合布线测试标准也在不断修订和完善中。例如，为保证 5 类电缆通道能支持吉比特以太网，1999 年 10 月发布的 ANSI/EIA/TIA TSB — 95《100ΩΩ4 对 5 类线附加传输性能指南》提出了回波损耗、等效远端串扰、综合远端串扰、传输延迟与延迟偏离等吉比特以太网所要求的指标。随着超 5 类(Cat.5e)布线系统的广泛应用，1999 年 11 月 ANSI/EIA/TIA 又推出了《100Ω4 对增强 5 类布线传输性能规范》，这个现场测试标准被称为 ANSI/EIA/TIA 568A5 2000。

ANSI/EIA/TIA 568A5 2000 的所有测试参数均为强制性的。它包括对现场测试仪精度要求，即 II e 级精度。由于在测试中经常出现回波损耗失败的情况，所以在这个标准中引入了 3 dB 原则。3 dB 原则就是当回波损耗小于 3 dB 时，可以忽略回波损耗(Return Loss)值。这一原则都适用于 TIA 和 ISO 的标准。

2002 年 6 月 ANSI/EIA/TIA 发布了支持 6 类(Cat.6)布线标准的 ANSI/EIA/TIA 568B，标志着综合布线测试标准进入一个新的阶段。该标准包括 B.1、B.2、B.3 三部分。B.1 为商用建筑物电信布线标准总则，包括布线子系统定义、安装实践、链路/通道测试模型及指标；B.2 为平衡双绞线部分，包含了组件规范，传输性能，系统模型以及用户验证电信布线系统的测量程序相关的内容；B.3 为光纤布线部分，包括光纤、光纤连接件、跳线、现场测试仪的规格要求。

ANSI/EIA/TIA 568B.2-1 是 ANSI/EIA/TIA 568B.2 的增编。它对综合布线测试模型、测试参数以及测试仪器的要求都比 5 类标准严格，除了对测试内容增加和细化以外，还做了以下一些较大的改动。

(1) 新术语

把参数"衰减"改名为"插入损耗"；测试模型中的基本链路(Basic Link)重新定义为永久链路(Permanent Link)等。

(2) 介质类型

- 水平电缆为 4 对 100 Ω 的 3 类 UTP 或 SCTP；4 对 100 Ω 的超 5 类 UTP 或 SCTP；4 对 100 Ω 的 6 类 UTP 或 SCTP；2 条或多条 62.5/125 μm 或 50/125 μm 多模光纤。
- 主干电缆为 3 类或更高的 100 Ω 绞线；62.5/125 μm 或 50/125 μm 多模光纤、单模光纤。
- 568-B 标准不认可 4 对 4 类双绞线和 5 类双绞线电缆。

- 150 Ω 屏蔽双绞线是认可的介质类型,然而,不建议在安装新设备时使用。
- 混合与多股电缆允许用于水平布线,但每条电缆都必须符合相应等级要求,并符合混合与多股电缆的特殊要求。

(3) 接插线、设备线与跳线
- 对于 24 AWG(0.51 mm)多股导线组成的 UTP 跳接线与设备线的额定衰减率为 20%。采用 26 AWG(0.4 mm)导线的 SCTP 线缆的衰减率为 50%。
- 多股线缆由于具有更大的柔韧性,建议用于跳接线装置。

(4) 距离变化
- 对于 UTP 跳接线与设备线,水平永久链路的两端最长为 5 m,以达到 100 m 的总信道距离。
- 对于二级干线,从中间跳接到水平跳接(1C 到 HC)的距离减为 300 m。从主跳接到水平跳接(MC 到 HC)的干线总距离仍遵循 568-A 标准的规定。
- 中间跳接中与其他干线布线类型相连接的设备线和跳接线从"不应"超过 20 m 改为"不得"超过 20 m。

(5) 安装规则
- 4 对 SCTP 电缆在非重压条件下的弯曲半径规定为电缆直径的 8 倍。
- 2 股或 4 股光纤的弯曲半径在非重压条件下是 25 mm,在拉伸过程中为 50 mm。
- 电缆生产商应确定光纤主干线的弯曲半径要求。如果无法从生产商获得弯曲半径信息,则建筑物内部电缆在非重压条件下的弯曲半径是电缆直径的 10 倍,在重压条件下是 15 倍。在非重压/重压条件下,建筑物间电缆的弯曲半径应与建筑物内电缆的弯曲半径相同。
- 电缆生产商应确定对多对光纤主干线的牵拉力。
- 2 芯或 4 芯光纤的牵拉力是 222 N。
- 超 5 类双绞线开绞距离距端接点应保持在 13 mm 以内,3 类双绞线应保持在 75 mm 以内。

3. 其他布线测试标准

国际标准化委员会 ISO/IEC 推出的布线测试标准有:ISO/IEC 11801 1995、ISO/IEC 11801 2000 和 ISO/IEC 11801 2002,ISO/IEC 11801 2002 和 ANSI/EIA/TIA 568B 已非常接近。

我国对综合布线系统专业领域的标准和规范的制定工作也非常重视。2000 年颁布了 GBT-T-50312—2000《建筑与建筑群综合布线系统工程验收规范》,该标准只制定了 5 类综合布线工程施工及验收规范,6 类数据电缆产品标准(YD/T1019—2001)在 2001 年 10 月发布执行。本章结合 ANSI/EIA/TIA 568B 来阐述综合布线测试内容和方法。

6.3 认证测试

6.3.1 链路类型

综合布线认证测试链路主要是指双绞线水平布线链路。
按照用户对数据传输速率不同的需求,根据不同应用场合对链路分类如下。

(1) 3类水平链路

使用3类双绞数字电缆及同类别或更高类别的器材(接插硬件、跳线、连接插头、插座)进行安装的链路。3类链路的最高工作频率为16 MHz。

(2) 5类水平链路

使用5类双绞数字电缆及同类别或更高类别的器材(接插硬件、跳线、连接插头、插座)进行安装的链路。5类链路的最高工作频率为100 MHz。

(3) 5e类水平链路(TIA/EIA568B标准中的5类事实上就是增强型5类)

使用5e类(增强型5类、超5类)水平链路电缆及同类别或更高类别的器件(接插硬件、跳线、连接插头、插座)进行安装的链路。增强型5类链路的最高工作频率为100 MHz。同时使用4对芯线时,支持1000Base-T以太网工作。

(4) 6类水平链路

使用6类双绞数字电缆及同类别或更高类别的器件(接插硬件、跳线、连接插头、插座)进行安装的链路。6类链路的最高工作频率为250 MHz,同时使用2对芯线时,支持1000Base-T或更高速率的以太网。最高工作频率,指链路传输的工作带宽。

6.3.2 认证测试模型

1. 基本链路模型

在TSB-67中定义了基本链路(Basic Link)和通道(Channel)两种认证测试模型。基本链路包括三部分:最长为90 m的建筑物中固定的水平布线电缆、水平电缆两端的接插件(一端为工作区信息插座,另一端为楼层配线架)和两条与现场测试仪相连的2 m测试设备跳线。基本链路模型如图6-1所示,其中,F是信息插座至配线架之间的电缆;G、H是测试设备跳线。F是综合布线承包商负责安装的,链路质量由他们负责,所以基本链路又称为承包商链路。

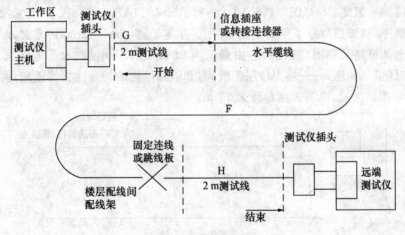

图6-1 基本链路

2. 通道模型

通道指从网络设备跳线至工作区跳线间端到端的连接,它包括了最长为90 m的建筑物中固定的水平布线电缆、水平电缆两端的接插件(一端为工作区信息插座,另一端为楼层配线架)、一个靠近工作区的可选的附属转接连接器、最长为10 m的在楼层配线架上的两处连接跳线和用户终端连接线,通道最长为100 m。通道模型:A是用户端连接跳线;B是转接电缆;

C 是水平电缆；D 是最大 2 m 的跳线；E 是配线架到网络设备间的连接跳线。B+C 最大长度为 90 m，A+D+E 最大长度为 10 m。通道测试的是网络设备至计算机间端到端的整体性能，是用户所关心的，故通道又被称作用户链路，如图 6-2 所示。

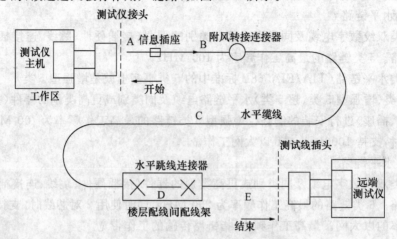

图 6-2 通道链路

基本链路和通道的区别在于，基本链路不含用户使用的跳接电缆（配线架与交换机或集线器间的跳线、工作区用户终端与信息插座间跳线）。测试基本链路时，采用测试仪专配的测试跳线连接测试仪的接口，而测通道时，直接用链路两端的跳接电缆连接测试仪接口。

3. 永久链路模型

永久链路模型(Permanent Link)如图 6-3 所示。基本链路包含的两根各 2 m 长的测试跳线是与测试设备配套使用的，虽然它的品质很高，但随着测试次数增加，测试跳线的电气性能指标可能发生变化并导致测试误差，这种误差包含在总的测试结果之中，其结果会直接影响到总的测试结果。因此，ISO/IEC 11801 2002 和 ANSI/TIA/EIA568B.2-1 定义的增强型 5 类和 6 类标准中，测试模型有了重要变化，弃用了基本链路(Basic Link)的定义，而采用永久链路的定义。永久链路又称固定链路，它由最长为 90 m 的水平电缆、水平电缆两端的接插件（一端为工作区信息插座，另一端为楼层配线架）和链路可选的转接连接器组成，而基本链路包括两端的 2 m 测试电缆，电缆长度总计为 94 m。

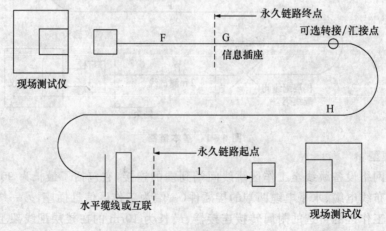

图 6-3 永久链路方式

永久链路模型的定义:F 是测试仪跳线;G 是可选转接电缆;H 是插座/接插件或可选转/汇接点及水平跳接间电缆;I 是测试仪跳线。G+H 最大长度为 90 m。永久链路测试模型,用永久链路适配器(如 FLUKE DSP 4XXX 系列测试仪为 DSP-LIA101S)连接测试仪表和被测链路,测试仪表能自动扣除 F、I 和 2 m 测试线的影响。排除了测试跳线在测量过程中本身带来的误差,从技术上消除了测试跳线对整个链路测试结果的影响,使测试结果更准确、合理。

永久链路由综合布线施工单位负责完成。通常完成布线工程后,所要连接的设备、器件可能还没安装,而且并不是所有的电缆都已连接到设备或器件上,所以综合布线施工单位只向用户提交一份永久链路的测试报告。从用户角度来说,用于高速网络的传输或其他通信传输时的链路不仅仅要包含永久链路部分,而且还要包括用于连接设备的用户电缆,所以他们希望得到一个通道的测试报告。无论是哪种报告都是为了认证该综合布线的链路是否可以达到设计的要求,二者只是测试的范围和定义不一样而已。因此永久链路比通道更严格,从而为整条链路或说通道保留有余地。在实际测试应用中,选择哪一种测量连接方式应根据需求和实际情况决定。使用通道链路方式更符合使用的情况,但由于它包含了用户的设备连线部分,测试较复杂,对于现在的超 5 类和 6 类布线系统,一般工程验收测试都选择永久链路模型进行。

目前布线工程所用测试仪,如 FUJKE DSP 4XXX 系列数字式的电缆测试仪,可选配或本身就配有永久链路适配器。通道的测试需要连接跳线(Patch Cable),6 类跳线必须购买原生产厂商的产品。

6.4 认证测试参数

TSB-67 和 ISO/IEC 11801 95 标准只定义到 5 类布线系统,测试指标只有拉线图、长度、衰减、近端串扰和 ACR(衰减串扰比)等参数,针对当前超 5 类综合布线系统是主流、6 类综合布线系统正逐渐普及,下面根据 ANSI/TIA/TIA568 B 标准,介绍 6 类布线系统的测试参数。

1. 接线图(Wire Map)

接线图是验证线对连接正确与否的一项基本检查。综合布线可采用 T568A 和 T568B 两种端接方式,二者的线序固定,不能混用和错接,如图 6-4 和图 6-5 所示。

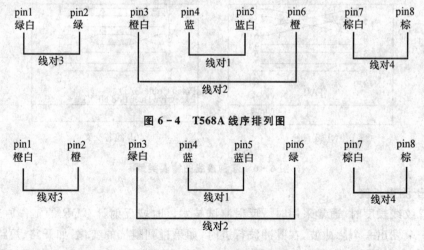

图 6-4 T568A 线序排列图

图 6-5 T568B 线序排列图

正确的线对连接为:1 对 1、2 对 2、3 对 3、4 对 4、5 对 5、6 对 6、7 对 7、8 对 8。当接线正确时,测试仪显示接线图测试"通过"。在布线施工过程中,由于端接技巧和放线穿线技术等原因会产生开路、短路、反接、错对等接线错误,当出现不正确连接时,测试仪指示接线有误,测试仪显示接线图测试"失败",并显示错误类型。

在实际工程中接线图的错误类型可能主要有以下情况。

① 开路。

② 短路。

③ 反接。同一线对在两端针位接反,如一端的 4 接在另一端的 5 位,一端的 5 接在另一端的 4 位。

④ 跨接。将一对线对接到另一端的另一线对上,常见的跨接错误是 1、2 线对与 3、6 线对的跨接,这种错误往往是由于两端的接线标准不统一造成的,一端用 T568A,而另一端用 T568B。

⑤ 线芯交叉。反接是同一线对在两端针位接反,而线芯交叉是指不同线对的线芯发生交叉连接,形成一个不可识别的回路,如 1、2 线对与 3、6 线对的 2 和 3 线芯两端交叉。

⑥ 串绕线对。指将原来的两对线对分别拆开后又重新组成新的线对。这是产生极大串扰的错误连接,这种错误对端对端的连通性不产生影响,用普通的万用表不能检查故障原因,只有专用的电缆测试仪才能检测出来。例如使用 FUJKE DSP4000 系列线缆测试仪测试的几种接线图错误类型,如图 6-6 所示。

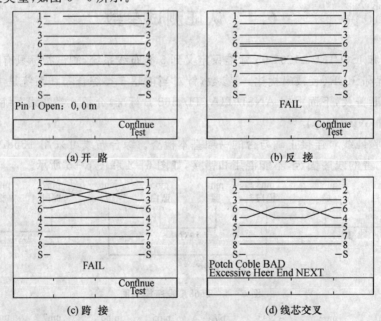

图 6-6 几种接线图错误类型

2. 关于测量长度

测量双绞线长度时,通常采用时域反射测试技术。时域反射计 TDR 的工作原理是:测试仪从电缆一端发出一个脉冲波,在脉冲波行进时,如果碰到阻抗的变化,如开路、短路或不正常接线时,就会将部分或全部的脉冲能量反射回测试仪。依据来回脉冲波的延迟时间及已知的信号在电缆传播的 NVP(额定传播速率),测试仪就可以计算出脉冲波接收端到该脉冲返回点的长度,如图 6-7 所示。

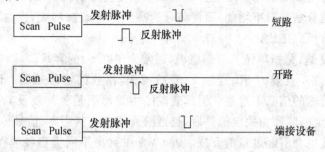

图 6-7 链路长度测量原理图

NVP 是指电信号在该电缆中传输的速率与光在真空中的传输速率的比值。

$$NVP = 2 \times L / (T \times c)$$

式中:L——电缆长度;

T——信号在传送端与接收端的时间差;

c——光在真空中传播速度,$c = 3 \times 10^8$ m/s。

该值随不同线缆类型而异。通常,NVP 范围为 60%～90%,即 NVP=(0.6～0.9)c。测量长度的准确性就取决于 NVP 值,因此在正式测量前用一个已知长度(必须在 15 m 以上)的电缆来校正测试仪的 NVP 值,测试样线愈长,测试结果愈精确。由于每条电缆的线对之间的绞距不同,所以在测试时,采用延迟时间最短的线对作为参考标准来校正电缆测试仪。典型的非屏蔽双绞线的 NVP 值为 62%～72%。

由于 TDR 的精度很难达到 2% 以内,故 NVP 值不易准确测量,通常采取忽略 NVP 值影响,对长度测量极值加上 10% 余量的做法。根据所选择的测试模型不同,极限长度分别为:基本链路为 94 m,永久链路为 90 m,通道为 100 m,加上 10% 余量后,长度测试通过/失败的参数为:基本链路为 94 m+94 m×10%=103.4 m,永久链路为 90 m+90 m×10%=99 m,通道为 100 m+100 m×10%=110 m。当测试仪以"*"显示长度时,则表示为临界值,表明在测试结果接近极限时长度测试结果不可信,要引起用户和施工者注意。

布线链路长度系指布线链路端到端之间电缆芯线的实际物理长度,由于各芯线存在不同绞距,在布线链路长度测试时,要分别测试 4 对芯线的物理长度,测试结果会大于布线所用电缆长度。

(1) 衰 减

当信号在电缆中传输时,由于其所遇到的电阻而导致传输信号的减小,信号沿电缆传输损失的能量称为衰减(Attenuation)。衰减是一种插入损耗,当考虑一条通信链路的总插入损耗时,布线链路中所有的布线部件都对链路的总衰减值有影响。一条链路的总插入损耗是电缆和布线部件的衰减的总和。衰减量由下述各部分构成:

➢ 布线电缆对信号的衰减;

➢ 构成通道链路方式的 10 m 跳线或构成基本链路方式的 4 m 设备接线对信号的衰减量;

➢ 每个连接器对信号的衰减量。

电缆是链路衰减的一个主要因素,电缆越长,链路的衰减就会越明显,与电缆链路衰减相比,其他布线部件所造成的衰减要小得多。衰减不仅与信号的传输距离有关,而且由于传输通道存在阻抗,它会随着信号频率增加,而使信号的高频分量衰减加大,这主要由集肤效应所决定,它与频率的平方根成正比。

衰减以 dB 来度量,是指单位长度的电缆(通常为 100 m)的衰减量,以规定的扫描/步进频率标准作为测量单位。衰减的 dB 值越大,衰减越大,接收的信号越弱。信号衰减到一定程度,将会引起链路传输的信息不可靠。引起衰减的主要原因是铜导线及其所使用的绝缘材料和外套材料。在选定电缆和相关接插件后,通道的衰减就与其距离、信号传输频率和施工工艺有关,不恰当的端接也会引起过量的衰减。表 6-1 中列出不同类型线缆在不同频率、不同链路方式下每条链路最大允许衰减值。此表是 20℃时给出的允许值,随着温度增加,衰减也会增加,在测试现场可根据温度变化做适当调整。3 类电缆每增加 1℃衰减量增加 1.5%;超 5 类电缆每增加 1℃衰减量增加 0.4%;6 类电缆每增加 1℃衰减量增加 0.3%。

表 6-1 不同连接方式下允许的最大衰减值一览表(20℃)

频率/MHz	3 类/dB		4 类/dB		5 类/dB		5e 类/dB		6 类/dB	
	通道链路	基本链路	通道链路	基本链路	通道链路	基本链路	通道链路	永久链路	通道链路	永久链路
1.0	4.2	3.2	2.6	2.2	2.5	2.1	2.4	2.1	2.1	1.9
4.0	7.3	6.1	4.8	4.3	4.5	4.0	4.4	4.0	4.0	3.5
80.	10.2	8.8	6.7	6.0	6.3	5.7	6.8	6.0	5.7	5.0
10.0	11.5	10.0	7.5	6.8	8.8	6.3	7.0	6.0	6.3	5.6
16.0	14.9	13.2	9.9	8.8	9.2	8.3	8.9	7.7	8.0	7.1
20.0			11.0	9.9	10.3	9.2	10.0	8.7	9.0	7.9
25.0					11.4	10.3			10.1	8.9
31.25					12.8	11.5	12.6	10.9	11.4	10.0
62.5					18.5	16.7			16.5	14.4
100					24.0	21.6	24.0	20.4	21.3	18.5
200									31.5	27.1
250									36.0	30.7

(2) 近端串扰损耗(NEXT)

当信号在一条通道中某线对传输时,由于平衡电缆互感和电容的存在,同时会在相邻线对中感应一部分信号,这种现象称为串扰。串扰分为近端串扰(Near End Crosstalk,NEXT)和远端串扰(Far End Crosstalk,FEXT)两种。

近端串扰是指处于线缆一侧的某发送线对的信号对同侧的其他相邻(接收)线对通过电磁感应所造成的信号耦合。近端串扰与线缆类别、端接工艺和频率有关。双绞线的两条导线绞合在一起后,因为相位相差 180°而抵消相互间的信号干扰,绞距越紧抵消效果越好,也就越能支持较高的数据传输速率。

近端串扰是用近端串扰损耗值来度量的,近端串扰损耗定义为导致该串扰的发送信号值(dB)与被测线对上发送信号的近端串扰值(dB)之差值(dB)。人们总是希望被测线对的被串扰的程度越小越好。某线对受到的串扰越小意味着该线对对外界串扰的损耗越大,也就是导致该串扰的发送线对的信号在被测线对上的测量值越小(表示串扰损耗越大),这就是为什么不直接定义串扰,而定义成串扰损耗的原因所在。所以测量的近端串扰损耗值越大,表示受到的串扰越小,测量的近端串扰损耗值越小,表示受到的串扰越大。

近端串扰损耗的测量,应包括每一个线缆通道两端的设备接插软线和工作区电缆在内,近端串扰并不表示在近端点所产生的串扰,它只表示在近端所测量到的值,测量值会随电缆的长度不同而变化,电缆越长,近端串扰值越小。实践证明在40 m内测得的近端串扰值是真实的,并且近端串扰损耗应分别从通道的两端进行测量,现在的测试仪都具有能在一端同时进行两端的近端串扰的测量功能。

近端串扰损耗是在信号发送端(近端)测量的来自其他线对泄漏过来的信号。对于双绞线电缆链路来说,近端串扰损耗是一个关键的性能指标,也是最难精确测量的一个指标,尤其是随着信号频率的增加,其测量难度会增大。表6-2中列出不同类线缆在不同频率、不同链路方式下,允许的最小串扰损耗值。

表6-2 最小近端串扰损耗一览表

频率 /MHz	3类/dB		5类/dB		5e类/dB		6类/dB	
	通道链路	基本链路	通道链路	基本链路	通道链路	永久链路	通道链路	永久链路
1.0	39.1	40.1	>60.0	>60.0	63.3	64.2	65.0	65.0
4.0	29.3	30.7	50.6	51.8	53.6	54.8	63.0	64.1
80.	24.3	25.9	45.6	47.1	48.6	50.0	58.2	59.4
10.0	22.7	24.3	44.0	45.5	47.0	48.5	56.6	57.8
16.0	19.3	21.0	40.6	43.6	45.2	53.2	54.6	
20.0			39.0	40.7	42.0	43.7	51.6	53.1
25.0			37.4	39.1	40.4	42.1	50.0	51.5
31.25			35.7	37.6	38.7	40.6	48.4	50.0
62.5			30.6	32.7	33.6	35.7	42.4	45.1
100			27.1	29.3	30.1	32.3	39.9	41.8
200							34.8	36.9
250							33.1	35.3

对于近端串扰的测试,采样样本越大,步长越小,测试就越准确。TIA/EIA 56882.1定义了近端串扰损耗测试时的最大频率步长,如表6-3所列。

表6-3 最大频率步长表

频率段/MHz	最大采样步长/MHz	频率段/MHz	最大采样步长/MHz
1~31.25	0.15	100~250	0.50
31.26~100	0.25		

(3) 综合近端串扰(Power Sun NEXT,PSNEXT)

近端串扰是一对发送信号的线对对被测线对在近端的串扰,实际上,在4对型双绞线电缆中,若其他3对线对都发送信号,则都会对被测线对产生串扰。因此在4对型电缆中,3个发送信号的线对向另一相邻接收线对产生的总串扰就称为综合近端串扰。

综合近端串扰值是双绞线布线系统中的一个新的测试指标,在3类,4类和5类电缆中都没有要求,只有5e类和6类电缆中才要求测试PSNEXT,这种测试在用多个线对传送信号的100Base-T4和1000Base-T等高速以太网中非常重要。因为电缆中多个传送信号的线对把更多的能量耦合到接收线对,在测量中综合近端串扰值要低于同种电缆线对间的近端串扰值,例如100 MHz时,5e类通道模型下综合近端串扰最小极限值为27.1 dB,而近端串扰最小极限值为30.1 dB。相邻线对综合近端串扰限定值如表6-4所列。

表6-4 对综合近端串扰最小极限值一览表

频率/MHz	5e类线缆/dB		6类线缆/dB	
	通道链路	基本链路	通道链路	永久链路
1.0	57.0	57.0	62.0	62.0
4.0	50.6	51.8	60.5	61.8
80.	45.6	47.0	55.6	57.0
10.0	44.0	45.5	54.0	55.5
16.0	40.6	42.2	50.6	52.2
20.0	39.0	40.7	49.0	50.7
25.0	37.4	39.1	47.3	49.1
31.25	35.7	37.6	45.7	47.5
62.5	30.6	32.7	40.6	42.7
100	27.1	29.3	37.1	39.3
200			31.9	34.3
250			30.2	32.7

(4) 衰减与串扰比(Attenuation-to-Crosstalk Ratio,ACR)

通信链路在信号传输时,衰减和串扰都会存在,串扰反映电缆系统内的噪声,衰减反映线对本身的传输质量,这两种性能参数的混合效应(信噪比)可以反映出电缆链路的实际传输质量。用衰减与串扰比来表示这种混合效应,衰减与串扰比定义为:被测线对受相邻发送线对串扰的近端串扰损耗值与本线对传输信号衰减值的差值(单位为dB),即

$$ACR(dB) = NEXT(dB) - A(dB)$$

近端串扰损耗越高而衰减越小,则衰减与串扰比越高,一个高的衰减与串扰比意味着干扰噪声强度与信号强度相比微不足道。因此衰减与串扰比越大越好。

衰减、近端串扰和衰减与串扰比都是频率的函数,应在同一频率下计算,5e类通道和永久链路必须在1~100 MHz频率范围内测试;6类通道和永久链路在1~250 MHz频率范围内测试,最小值必须大于0 dB,当ACR接近0 dB时,链路就不能正常工作。衰减与串扰比反映了在电缆线对上传送信号时,在接收端收到的衰减过的信号中有多少来自串扰的噪声影响,它

直接影响误码率,从而决定信号是否需要重发。

ACR、NEXT 和 A 三者关系曲线如图 6-8 所示。该项为宽带链路应测技术指标。

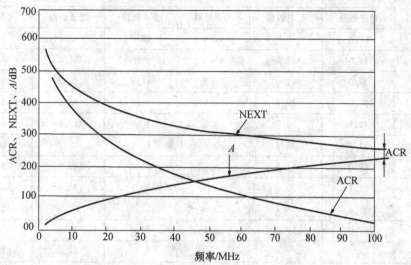

图 6-8　串扰损耗 NEXT、衰减 A 和 ACR 关系曲线

(5) 远端串扰(FEXT)与等效远端串扰(Equal Level FEXT,ELFEXT)

与 NEXT 定义相类似,远端串扰是信号从近端发出,而在链路的另一侧(远端)发送信号的线对向其同侧其他相邻(接收)线对通过电磁感应耦合而造成的串扰。与 NEXT 一样定义为串扰损耗。因为信号的强度与它所产生的串扰及信号的衰减有关,所以电缆长度对测量到的 FEXT 值影响很大,FEXT 并不是一种很有效的测试指标,在测量中是用 ELFEXT 值的测量代替 FEXT 值的测量。

等效远端串扰(ELFEXT)是指某线对上远端串扰损耗与该线路传输信号的衰减差,也称为远端 ACR。减去衰减后的 FEXT 也称作同电位远端串扰,它比较真实地反映为远端的串扰值,其关系如图 6-9 所示。

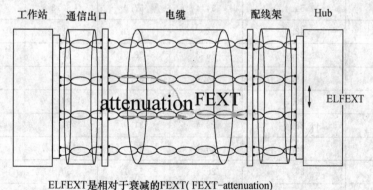

ELFEXT是相对于衰减的FEXT(FEXT-attenuation)

图 6-9　FEXT、Attenuation 和 ELFEXT 关系图

定义:ELFEXT(dB)=FEXT(dB)-A(dB)(A 为受串扰接收线对的传输衰减),等效远端串扰最小限定值如表 6-5 所列。

表6-5 等效远端串扰损耗最小限定值表

频率/MHz	5类/dB		5e类/dB		6类/dB	
	通道链路	基本链路	通道链路	基本链路	通道链路	永久链路
1.0	57.0	59.6	57.4	60.0	63.3	64.2
4.0	45.0	47.6	45.3	48.0	51.2	52.1
80.	39.0	41.6	39.3	41.9	45.2	46.1
10.0	37.0	39.6	37.4	40.0	43.3	44.2
16.0	32.9	35.5	33.3	35.9	39.2	40.1
20.0	31.0	33.6	31.4	34.0	37.2	38.2
25.0	29.0	31.6	39.4	32.0	35.3	36.2
31.25	27.1	29.7	27.5	30.1	33.4	34.3
62.5	21.5	23.7	21.5	24.1	27.3	28.3
100	17.0	17.0	17.4	20.0	23.3	24.2
200					17.2	18.2
250					15.3	16.2

(6) 综合等效远端串扰 (Power Sun ELFEXT, PSELFEXT)

综合等效远端串扰是几个同时传输信号的线对在接收线对形成的串扰总和。综合是指在电缆的远端测量到的每个传送信号的线对对被测线对串扰能量的和,综合等效远端串扰损耗是一个计算参数,对4对UTP而言,它组合了其他3对远端串扰对第4对的影响,这种测量具有8种组合。表6-6中列出了不同频率下综合等效远端串扰损耗情况。

表6-6 综合等效远端串扰极限值表

频率/MHz	5类/dB	5e类/dB		6类/dB	
		通道链路	基本链路	通道链路	永久链路
1.0	54.4	54.4	57.0	60.3	61.2
4.0	42.6	42.4	45.0	48.2	49.1
80.	36.4	36.3	38.9	42.2	43.1
10.0	34.4	34.4	37.0	40.3	41.2
16.0	30.3	30.3	32.9	36.2	37.1
20.0	28.4	28.4	31.0	34.2	35.2
25.0	26.4	26.4	29.0	32.3	33.2
31.25	24.5	25.4	27.1	30.4	31.3
62.5	18.5	18.5	21.1	24.3	25.3
100	14.4	14.4	17.0	20.3	21.2
200				14.2	15.2
250				12.3	13.2

（7）传输延迟（Propagation Delay）和延迟偏离（Delay skew）

传输延迟是信号在电缆线对中传输时所需要的时间。传输延迟随着电缆长度的增加而增加，测量标准是指信号在 100 m 电缆上的传输时间，单位是纳秒（ns），它是衡量信号在电缆中传输快慢的物理量。5e 类通道最大传输延迟在 10 MHz 时不超过 555 ns，基本链路的最大传输延迟在 10 MHz 时不超过 518 ns；6 类通道最大传输延迟在 10 MHz 时不超过 555 ns，所有永久链路的最大传输延迟在 100 MHz 时不超过 538 ns，在 250 MHz 时不超过 498 ns。

延迟偏离是指同一 UTP 电缆中传输速率最快的线对和传输速率最慢线对的传输延迟差值，它以同一缆线中信号传播延迟最小的线对的时延值作为参考，其余线对与参考线对都有时延差值。最大的时延差值即是电缆的延迟偏离。

延迟偏离在 UTP 中 4 对线对同时传输信号的 100Base-T4 和 1000Base-T 等高速以太网中非常重要，因为信号传送时在发送端分组到不同线对并行传送，到接收端后重新组合，如果线对间传输的时差过大接收端就会丢失数据，从而影响信号的完整性而产生误码。

（8）回波损耗（RL）

回波损耗是线缆与接插件构成布线链路阻抗不匹配导致的一部分能量反射。当端接阻抗（部件阻抗）与电缆的特性阻抗不一致偏离标准值时，在通信链路上就会导致阻抗不匹配。阻抗的不连续性引起链路偏移，电信号到达链路偏移区时，必须消耗掉一部分来克服链路偏移，这样会导致两个后果，一个是信号损耗，另一个是少部分能量会被反射回发送端。被反射到发送端的能量会形成噪声，导致信号失真，降低了通信链路的传输性能。

回波损耗的计算公式为

$$回波损耗 = 发送信号 / 反射信号$$

从上式可看出，回波损耗越大，则反射信号越小，表明通道采用的电缆和相关连接硬件阻抗一致性越好，传输信号越完整，在通道上的噪声越小。因此回波损耗越大越好。

TIA/EIA 和 ISO 标准中对布线材料的特性阻抗做出了定义，常用 UTP 的特性阻抗为 100 Ω，但不同厂商，或同一厂商不同批次产品都有允许范围内的不等的偏离值，因此在综合布线工程中，建议采购同一厂商、同一批生产的双绞线电缆和接插件，以保证整条通信链路特性阻抗的匹配性，减少信号损耗和衰减。在施工过程中端接不规范、布放电缆时出现牵引用力过大或踩踏缆线等原因，都可能引起电缆特性阻抗变化，从而发生阻抗不匹配现象，因此要文明施工，规范施工，提高施工质量，减少阻抗不匹配现象发生。表 6-7 中列出了不同链接模型在不同频率下的回波损耗极限值。

表 6-7 不同频率下回波损耗极限值表

频率/MHz	5类/dB	5e类/dB		6类/dB	
		通道链路	基本链路	通道链路	永久链路
1.0	18.0	17.0	17.0	19.0	21.0
4.0	18.0	17.0	17.0	19.0	21.0
80.	18.0	17.0	17.0	19.0	21.0
10.0	18.0	17.0	17.0	19.0	21.0
16.0	15.0	17.0	17.0	18.0	20.0

续表 6-7

频率 /MHz	5类/dB	5e类/dB		6类/dB	
		通道链路	基本链路	通道链路	永久链路
20.0		17.0	17.0	17.5	19.5
25.0		16.0	16.3	17.0	19.0
31.25		15.1	15.6	16.5	18.5
62.5		12.1	13.5	14.0	16.0
100		10.0	12.1	12.0	14.0
200				9.0	11.0
250				8.0	10.0

6.5 光纤传输链路测试技术参数

对光缆进行测试，测试目的是为了检测光缆敷设和端接是否正确。光缆测试类型主要包括衰减测试和长度测试，其他还有带宽测试和故障定位测试。带宽是光纤链路性能的另一个重要参数，但光纤安装过程中一般不会影响这项性能参数，所在验收测试中很少进行带宽性能检查。

光缆性能测试规范的标准主要来自 ANSI/TIA/EIA/568-A 和 ANSI/TIA/EIA/568-B.3 标准，这些标准对光缆性能和光缆链路中的连接器和接续的损耗都有详细的规定（在以下叙述中若两个标准一样，则用 ANSI/TIA/EIA/568 表示）。光缆标准 TIA TSB 140，对光缆定义了两个级别（Tier 1 和 Tier 2）的测试。

光纤有多模和单模之分，对于多模光纤，ANSI/TIA/EIA/568 规定了 850 nm 和 1 300 nm 两个波长，因此要用 LED 光源对这两个波段进行测试。对于单模光纤 ANSI/TIA/EIA/568 规定了 1 310 nm 和 1 550 nm 两个波长，要用激光光源对这两个波段进行测试。

6.5.1 光缆测试链路长度

1. 水平光缆链路

水平光缆链路从水平跳接点到工作区插座间最大长度为 100 m，它只需对 850 nm 和 1 300 nm 在一个单方向进行测试。

2. 主干多模光缆链路

① 主干多模光缆链路应该在 850 nm 和 1 300 nm 波段进行单向测试。链路在长度上有如下要求：

➢ 从主跳接到中间跳接的最大长度是 1 700 m；
➢ 从中间跳接到水平跳接最大长度是 300 m；
➢ 从主跳接到水平跳接的最大长度是 2 000 m。

② 主干单模光缆链路应该在 1 310 nm 和 1 550 nm 波段进行单向测试。钎链路在长度上有如下要求：

> 从主跳接到中间跳接的最大长度是 2 700 m；
> 从中间跳接到水平跳接最大长度是 300 m；
> 从主跳接到水平跳接的最大长度是 3 000 m。

6.5.2 光纤损耗参数

光纤链路包括光纤布线系统两个端接点之间的所有部件，这些部件都定义为无源器件，包括光纤、光纤连接器和光纤接续子。必须对链路上的所有部件进行损耗测试，因为链路距离较短，与波长有关的衰减可以忽略，所以光纤连接器损耗和光纤接续子损耗是水平光纤链路的主要损耗。

1. 光缆损耗参数

① ANSI/TIA/EIA/568A 规定了 62.5 μm/125 μm 多模光纤的损耗参数。
> 在 850 nm 的最大损耗是 3.75 dB/km。
> 在 1 300 nm 的最大损耗是 1.5 dB/km。

② ANSI/TIA/EIA/568B.3 规定了 62.5 μm/125 μm 和 50 μm/1 251 μm 多模光纤的损耗参数。
> 在 850 nm 的最大损耗是 3.5 dB/km。
> 在 1 300 nm 的最大损耗是 1.5 dB/km。

③ ANSI/TIA/EIA/568A 规定了单模光纤的损耗参数。
> 紧套光缆在 1 310 nm 和 1 550 nm 的最大损耗是 1.0 dB/km。
> 松套光缆在 1 310 nm 和 1 550 nm 的最大损耗是 0.5 dB/km。

2. 连接器和接续子的损耗参数

> ANSI/TIA/EIA/568 标准规定光纤连接器对的最大损耗为 0.75 dB。
> ANSI/TIA/EIA/568 标准规定所有光纤接续子（机械或熔接型）的最大损耗为 0.75 dB。

6.6 常用测试仪表及使用

6.6.1 测试仪表性能要求

网络综合布线测试仪主要采用模拟和数字两类测试技术，模拟技术是传统的测试技术，主要采用频率扫描来实现，即每个测试频点都要发送相同频率的测试信号进行测试。数字技术则是通过发送数字信号完成测试。数字周期信号都是由直流分量和 K 次谐波之和组成，这样通过相应的信号处理技术可以得到数字信号在电缆中的各次谐波的频谱特性。

对于 5e 类和 6 类综合布线系统，现场认证测试仪必须符合 ANSI/TIA/EIA568B.2-1 或 ISO/IEC11801 的要求。一般要求测试仪应能同时具有认证精度和故障查找能力，在保证精确测定综合布线系统各项性能指标的基础上，能够快速准确地故障定位，而且操作使用简单。

1. 测试仪的基本要求

① 精度是综合布线测试仪的基础，所选择的测试仪既要满足永久链路认证精度，又要满

足通道的认证精度。测试仪的精度是有时间限制的,测试仪必须在使用一定时间后进行精度的校准。

② 精确的故障定位及快速的测试速度。带有远端器的测试仪测试 6 类电缆时,近端串扰应进行双向测试,即对同一条电缆必须测试两次;而带有智能远端器的测试仪,可实现双向测试一次完成。

③ 测试仪可以与计算机连接在一起,把测试的数据传送到计算机,便于打印输出及保存。

2. 测试仪的精度

测试仪的精度决定了测试仪对被测链路的可信程度,即被测链路是否真的达到了测试标准的要求。在 ANSI/TIA/EIA568B.2-1 附录 B 中,给出了永久链路、基本链路和通道的性能参数,以及对衰减和近端串扰测量精度的计算。一般地,测试 5 类电气性能,测试仪要求达到 UL 规定的第Ⅱ级精度,超 5 类测试仪的精度也只要求到第Ⅱe级精度就可以了,但 6 类要求测试仪的精度达到第Ⅲ级精度。因此综合布线认证测试,最好都使用Ⅲ级精度的测试仪。如何保证测试仪精度的可信度,厂商通常是通过获得第三方专业机构的认证来说明。例如美国安全检测实验室 UL 的认证。ETL SEMKO 公司是 Intertek Testing Services 有限公司的子公司,该公司是世界上最大的产品和日用品检验组织,ETL SEMKO 公司提供了对产品安全性的检测和认证,FLUKE DSP-4x00 系列产品都获得了 UL、ETL SEMKO 公司的三级精度认证。

理想的电缆测试仪首先应在性能指标上同时满足通道和永久链路的Ⅲ级精度要求,同时在现场测试中还要有较快的测试速度。在要测试成百上千条链路的情况下,测试速度相差几秒都将对整个综合布线的测试时间产生很大的影响,并将影响用户的工程进度。目前最快的认证测试仪表是 FLUKE 公司推出的 DTX 系列电缆认证测试仪,其 12 秒完成一条 6 类链路测试。此外,测试仪应能故障定位也是十分重要的,因为测试目的是要得到良好的链路,而不仅仅是辨别好坏。测试仪应能迅速告诉测试人员在一条坏链路中的故障部件的位置,从而迅速加以修复。其他要考虑的方面还有:测试仪应支持近端串扰的双向测试,测试结果可转存打印,操作简单且使用方便,以及支持其他类型电缆的测试。

6 类链路的性能要求很高,近端串扰余量只有 25 dB。6 类通道施工专业工具例如卡线钳、打线刀、拨线指环等是决定链路性能的关键因素。如果施工工艺略有差错,测试的结果就可能失败。

在使用 6 类测试仪测试某个厂商的 6 类通道或永久链路时,必须使用该厂商专用测试连接路线连接测试仪和被测系统(该路线应在购买测试仪时,由测试仪厂商提供。如 DSP4000 系列永久链路适配器 DSP-LIA101 和 OMNScanner 系统永久链路适配器 OMNI-LIA101)。不同厂商的 6 类之间互不兼容,如 SYSTIMAX GigaSPEED 系统应使用 GigaSPEED 专用跳线连接。

3. 远端接头补偿功能

不同长度的通道会给出不同数量的反射串扰。使用数字信号处理(DSP)技术,测试仪能够排除通道连接点的串扰。但是,当测试 NEXT 时,测试仪只排除了近端的串扰,而没有排除远端对 NEXT 测试的影响。这在测试较短链路,例如 20 m 或更短,或远端接头串扰过大的链路时,就成为一个严重的问题。这是因为远端的接头此时已足够近,而对整体测试产生很大的影响。多数情况下如此短的链路其测试结果会失败或余量很小。远端接头产生的过多串扰就是问题的原因,而不是因为安装问题。这对 5 类和超 5 类链路不成问题,但对于 NEXT 测试要求极为严格的 6 类链路,就会出现问题。这一问题反映在标准精度的要求上。对通道测试,250 MHz 处最大允许误差约为±4.2 dB。DSP-4x00 系统测试仪采用数学算法,可排除远端接头产生的串扰。

6.6.2 验证测试仪表的使用

验证测试仪用于在施工过程中由施工人员边施工边测试,以保证所完成的每一个连接的正确性。此时只需测试电缆的通断、长度等项目。下面介绍 4 种典型的验证测试仪表。其中后 3 种是国际知名测试仪表供应商——美国 FLUKE 公司的 MicroTools 系列产品。

① 简易布线通断测试仪如图 6-10 所示,这是最简单的电缆通断测试仪,包括主机和远端机。测试时,线缆两端分别连接上主机和远端机,根据显示灯的闪烁次序就能判断双绞线 8 芯线的通断情况,但不能定位故障点的位置。

② MicroMapper(电缆线序检测仪)如图 6-11 所示,这是小型手持式验证测试仪,可以方便地验证双绞线电缆的连通性。包括检测开路、短路、跨接、反接以及串绕等问题。只需按动测试(TEST)按钮,电缆线序检测仪就可以自动地扫描所有线对并发现所有存在的线缆问题。当与音频探头(MicroProbe)配合使用时,MicroMapper 内置的音频发生器可追踪到穿过墙壁、地板、天花板的电缆。电缆线序检测仪还配有一个远端,因此一个人就可以方便地完成电缆和用户跳线的测试。

图 6-10 简易布线通断测试仪

图 6-11 MicroMapper(电缆线序检测仪)

③ MicroScanner Pro(电缆验证仪)如图 6-12 所示,这是一个功能强大、专为防止以及解决电缆安装问题而设计的工具,它可以检测电缆的通断、电缆的连接线序和电缆故障的位置。MicroScanner Pro 可以测试同轴线(RG6,RG59 等 CATV/CCTV 电缆)以及双绞线(UTP、STP/ScTP),并可诊断其他类型的电缆,例如语音传输电缆、网络安全电缆或电话线。它产生 4 种音调来确定墙壁中、天花板上或配线间中电缆的位置。

④ FLUKE620 是一种单端电缆测试仪(见图 6-13),进行电缆测试时不需在电缆的另外一端连接远端单元即可进行电缆的通断、距离、串绕等测试。这样不必等到电缆全部安装完毕就可以开始测试,发现故障可以立即得到纠正,省时又省力。如果使用远端单元还可查出接线错误以及电缆的走向等。

图 6-12 MicroScanner Pro(电缆验证仪)

图 6-13 FLUKE620 是一种单端电缆测试仪

6.6.3 认证测试仪表的使用

1. 认证测试环境要求

为保证综合布线系统测试数据准确可靠,对测试环境有着严格规定。

(1) 无环境干扰

综合布线测试现场应无产生严重电火花的电焊、电钻和产生强磁干扰的设备作业,被测综合布线系统必须是无源网络,测试时应断开与之相连的有源、无源通信设备,以避免测试受到干扰或损坏仪表。

(2) 测试温度要求

综合布线测试现场的温度宜在 20~30℃左右,湿度宜在 30%~80%,由于衰减指标的测试受测试环境温度影响较大,当测试环境温度超出上述范围时,需要按有关规定对测试标准和测试数据进行修正。

(3) 防静电措施

我国北方地区春、秋季气候干燥,湿度常常在 10%~20%,验收测试经常需要照常进行,湿度在 20%以下时,静电火花时有发生,不仅影响测试结果的准确性,甚至可能使测试无法进行或损坏仪表。这种情况下,一定注意对测试者和持有仪表者采取防静电措施。

2. 认证测试仪选择

目前常用的达到Ⅲ精度的测试仪主要有:Fluke DSP-4x00,A-ilent WireScope 350,Microtexe OMNIScanner/OMNIScanner Ⅱ,MicrotextP/N 8222-10(GigaSPEED-8),MicrotextP/N 8222-05(110A)和 8222-06(110B),WavetekLT8600 等产品。这里将介绍目前综合布线工程中广泛采用的 Fluke DSP-4x00 系列数字式电缆测试仪的使用。

3. Fluke DSP-4x00 数字式电缆测试仪

FLUKE 公司第一台数字式电缆测试仪是 DSP-100,随后陆续推出了 DSP-4x00 系列产品,包括 DSP-4000、DSP-4100 和 DSP-4300 等型号。数字式综合电缆测试仪是手持式工具,获得 UL 和 ETL 双重Ⅲ级精度认证,能满足 ANSI/EIA/TIA 568B 规定的 3 类、4 类、5 类、6 类及 ISO/IEC 11801 规定的 B,C,D,E 级通道进行认证和故障诊断的精度要求。它可以应用于综合布线工程、网络管理及维护等多方面。图 6-14 所示为 DSP-4x00 数字式电缆测试仪及其配件，它由主机和远端机组成，同时包括接口、存储等配件。

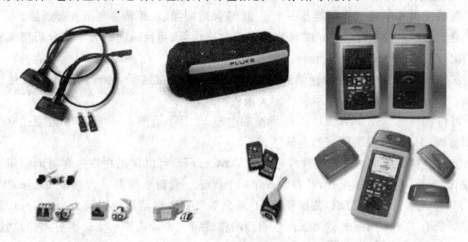

图 6-14　DSP-4x00 数字式电缆测试仪及其配件

FLUKE 公司的 DSP-4300 电缆测试仪除了测试主机和测试远端机外，它还包括以下标准配件和选配件。

标准配件：DSP-4300 主机和远端机（各一个）、LinkWare 电缆管理软件、16 MB 内存、16 MB 多媒体卡、PC 读卡器、Cat 6/5e 永久链路适配器（2 个）带一套 Cat 6 个性化模块套件、Cat 6/5e 通道适配器（1 个）、Cat 6/5e 通道/流量适配器（1 个）、语音对讲耳机（2 个）、AC 适配器/电池充电器（2 个）、便携软包（1 个）、快速参考手册（1 本）、仪器背带（2 根）、校准模块（1 个）、RS-232 串口电缆（1 根）、RJ45 到 BNC 适配器的转换电缆（1 根）。

主要的选配件：

DSP-PCI-6S：DSP 跳线测试适配器。

DSP-SPOOL：线轴上缆线测试选件。

DSP-FTA440S：千兆多模光缆测试适配器。可连接至 DSP-4000 系列数字式电缆分析仪上；使用波长为 850 nm 的 VCSEL 光源和 1 310 nm 的激光光源；可测量最长 5 000 m 的光损耗及光缆长度。

DSP-FTA430S：单模光缆测试适配器。可连接至 DSP-4000 系列数字式电缆分析仪上；使用波长为 1 310 nm 和 1 550 nm 的激光光源；可测量最长 10 000 m 的光损耗及光缆长度。

DSP-FTA420S：多模光缆测试适配器。可连接至 DSP-4000 系列数字式电缆分析仪上；使用波长为 850 nm 和 1 300 nm 的 LED 光源；可测量最长 5 000 m 的光损耗及光缆长度。

DSP-PM06：Cat 6 中性个性化模块。PM06 是第一个测试 Cat 6 互用性并符合标准的中性屏蔽测试插头。这一全球测试解决方案支持所有的 UTP、FTP 和 ScTP 电缆系统（Cat 3、5、5e 和 6），被多个接插件厂商认可。

Fluke-140：音频探头。

(1) DSP-4X00 数字式电缆分析仪的特点

① 超过超 5 类及 6 类线测试所要求的Ⅲ级精度，扩展了 DSP-4X00 的测试能力，并同时

获得 UL 和 ETLSEMKO 的认证。

② 使用永久链路适配器可得到更多、更准确的"通过"结果,DSP-4X00 中包含该适配器。

③ 随机提供 6 类通道适配器及一个通道/流量适配器,从而精确测试 6 类通道。

④ 自动诊断电缆故障,以 m 或 ft 准确显示故障位置;更精确的时域串扰分析用来对串扰进行故障定位。

⑤ 扩展的 16 MB 主板集成存储卡可存储一整天的测试结果,分离的读卡机可使测试仪保留在现场而带走测试报告,还可自行定义报告格式。

⑥ 可将符合 ANSI/TIA/EIA 606 标准的电缆 ID 号下载到 DSP-4X00 数字式电缆分析仪中,节省时间同时确保了数据的准确性。

⑦ 随机提供的测试结果管理软件包(Cable Manager)可以帮用户快速容易地组织、合并、查找、编辑、导出、打印测试报告,并存储 5 000 个报告。最新线缆测试管理软件 LinkWare 支持 OptiFiber 光缆认证(OTDR)测试仪、DSP 系列数字式电缆测试仪以及 OMNIScanner 电缆测试仪,对所有 Fluke 网络电缆测试仪以通用的格式得到专业的图形测试报告,它和功能强大的 Cable Manager 电缆管理软件兼容。

⑧ 可将测试仪直接接上打印机打印测试结果,或通过随机软件 DSP-LINK 与计算机连接,将测试结果送入计算机存储或打印。

⑨ 一条通道通过了 ANSI/TIA/EIA 568B 要求的测试,就可提供高达 350 MHz 的带宽。

(2) 操作界面

主机控制界面,如图 6-15 所示。

远端控制界面,如图 6-16 所示。

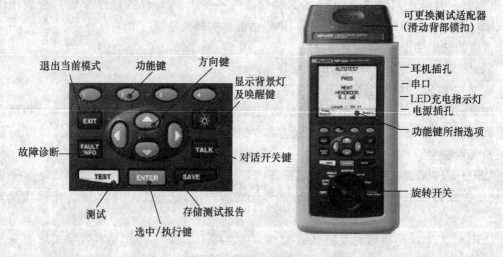

图 6-15 主机控制界面

(3) 测试步骤

① 自校验准备。DSP 测试仪的主端和远端应该每月做一次自校准。

② 用不小于 15 m 的双绞线校准 NVP 值。

③ 连接被测链路。将测试仪主机和远端机连上被测链路,如果是通道测试就使用原跳线连接仪表;如果是永久链路测试,就必须用永久链路适配器来连接,如图 6-17 所示。

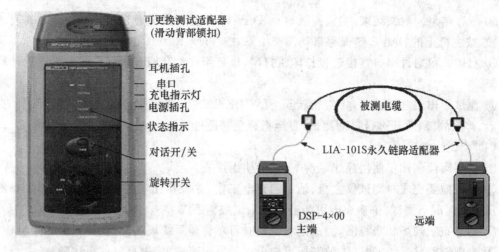

图 6-16 远端控制界面(1)　　　　图 6-17 远端控制界面(2)

④ 设置测试标准和线缆类型。在用 DSP 测试仪测试之前,需要选择测试依据的标准,例如北美标准、国际标准或欧洲标准等;需要选择测试链路类型,例如基本连接方式,通道连接方式,永久连接方式;需要选择线缆类型,例如 3 类、5 类、5e 类、6 类双绞线,多模光纤和单模光纤等。

⑤ 其他设置。其他相关设置包括:
> 设置测试相关信息:测试单位、被测单位、测试人姓名和测试地点等名称。上述信息将出现在测试报告的上方。
> 设置长度单位:英尺或米;设置日期时间;设置远端辅助测试仪指示灯、蜂鸣器,由于测试是在主机和远端机相互配合下进行的,该功能可使远端测试者了解主机一侧该链路测试结果;选择打印/显示语言;设置测试环境温度等。

⑥ 自动测试。完成以上步骤后,按 TEST 键进行自动测试,如图 6-18 所示。在测试时,主机面板上显示 Fest in Progress,表示测试在进行中。

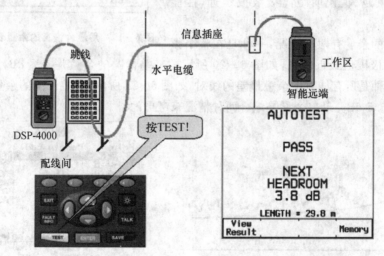

图 6-18 自动测试

⑦ 单项测试。当需要单独分析问题、启动 TDR 和 TDX 功能、扫描定位故障时,就可以进入单项测试程序。

⑧ 保存结果。测试结束，主机面板显示 Test:Pass 表示测试通过；显示 Test Fail 表示测试失败，按主机上的 SAVE 键保存自动测试结果，按 View Result 查看测试结果。

⑨ 打印。可通过串口直接连接打印机打印，也可用移动存储卡用分离读卡机连上计算机打印。

⑩ 测试中出现"失败"时，将旋钮转至 SINGLE TEST，进行相应的故障诊断测试。查找故障后，排除故障，重新进行自动测试，直至指标全部通过为止。

（4）测试注意事项

① 认真阅读测试仪使用操作说明书，正确使用仪表。

② 测试前要完成对测试仪主机、辅机的充电工作，并观察充电是否达到 80% 以上。不要在电压过低情况下测试，中途充电可能造成已测试数据丢失。

③ 熟悉布线现场和布线图，测试过程也同时可对管理系统现场文档、标识进行检验。

④ 发现链路结果为"测试失败"时，可能由多种原因造成，应进行复测再次确认。

⑤ 测试仪存储测试数据和链路数有限（5 000 个），及时将测试结果转存到计算机中后，测试仪可在现场继续使用。

（5）测试结果分析

数字电缆测试仪用显示最差情况的近端串扰或综合近端串扰与测试极限之间的距离，即最差情况的余量来显示被测链路的安装质量。如图 6-19 所示，测试结果最差情况的余量为 6.5 dB，结果为 PASS。

所谓余量（Margin），就是指各性能指标测量值与测试标准极限值的差值，正值表示比测试极限值好，结果为 PASS；负值表示比测试极限值差，结果为 FAIL。余量越大，说明距离极限值越远，性能越好。

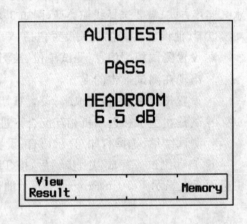

图 6-19 用最差情况的余量表示测试结果

最差情况的余量有两种情况：一种是在整个频率上距离测试极限值最近的点，如图 6-20 所示的最差情况的余量是 4.8 dB，发生在约 2.7 MHz 处；另一种是所有线对中余量最差的线对，如图 6-21 所示，最差情况的余量在 1,2~7,8 线对间，值为 6.5 dB。最差余量是综合两种情况来考虑的。

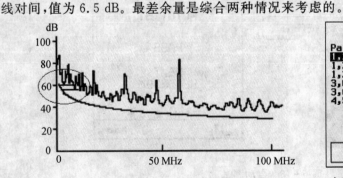

最差情况的余量：+4.8 dB，发生在 2.7 MHz

图 6-20 最差情况的余量(1)

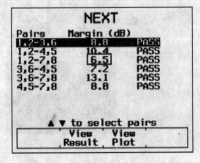

余量=6.5 dB 发生在 1,2~7,8 线对间

图 6-21 最差情况的余量(2)

当测试仪根据测试标准对所有测试项目测试完成后,就会根据各项测试结果对线缆给出一个评估结果,测试结果与评估结果关系如表6-8所列。

表6-8 线缆测试中 Pass/Fail 的评估

测试结果	评估结果
所有测试都 Pass	PASS
一个或多个 Pass*,其他测试都通过	PASS
一个或多个 Fail*,其他测试都通过	FAIL
一个或多个测试 Fail	FAIL

* 表示测试仪可接受的临界值。

6.7 光纤测试

对光纤测试主要是衰减测试和光缆长度测试,衰减测试就是对光功率损耗的测试,引起光纤链路损耗的原因主要有:

① 材料原因。光纤纯度不够和材料密度的变化太大。

② 光缆的弯曲程度,包括安装弯曲和产品制造弯曲问题。光缆对弯曲非常敏感,如果弯曲半径大于2倍的光缆外径,则大部分光保留在光缆核心内,单模光缆比多模光缆更敏感。

③ 光缆接合以及连接的耦合损耗。这主要由截面不匹配、间隙损耗、轴心不匹配和角度不匹配造成。

④ 不洁或连接质量不良。低损耗光缆的大敌是不洁净的连接,灰尘阻碍光传输,手指的油污影响光传输,不洁净光缆连接器可扩散至其他连接器。

对已敷设的光缆,可用插损法来进行衰减测试,即用一个功率计和一个光源来测量两个功率的差值。第一个是从光源注入到光缆的能量,第二个是从光缆段的另一端的射出的能量。测量时为确定光纤的注入功率,必须对光源和功率计进行校准。校准后的结果可为所有被测光缆的光功率损耗测试提供一个基点,两个功率的差值就是每个光纤链路的损耗。

1. 光纤衰减测试准备工作

➢ 确定要测试的光缆。

➢ 确定要测试光纤的类型。

➢ 确定光功率计和光源与要测试的光缆类型匹配。

➢ 校准光功率计。

➢ 确定光功率计和光源处于同一波长。

2. 测试设备

测试设备包括光功率计、光源、参照适配器(耦合器)、测试用光缆跳线等。

3. 光功率计校准

校准光功率计的目的是确定进入光纤段的光功率大小。校准光功率计时,用两个测试用光缆跳线把功率计和光源连接起来,用参照适配器把测试用光缆跳线两端连接起来。

4. 光纤链路的测试

① 测试光纤链路的目的是要了解光信号在光纤路径上的传输损耗,该损耗与光纤链路的长度、传导特性、连接器的数目和接头的多少有关。

② 测试按图 6-22 所示进行连接。

③ 测试连接前应对光连接的插头、插座进行清洁处理,防止由于接头不干净带来附加损耗,造成测试结果不准确。

④ 向主机输入测量损耗标准值。

⑤ 操作测试仪,在所选择的波长上分别进行两个方向的光传输损耗测试。

⑥ 报告在不同波长下不同方向的链路衰减测试结果,即"通过"与"失败"。

单模光纤链路的测试同样参考上述过程进行,但光功率计和光源模块应当为单模的。

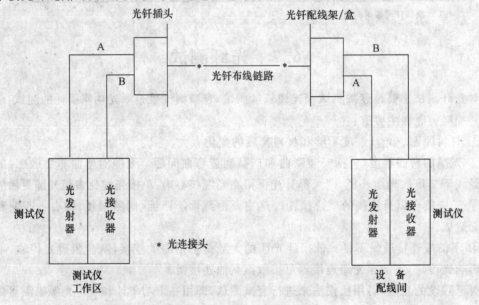

图 6-22 光纤链路衰减测量

5. FUJKE 光纤测试仪表

① DSP-FTK 光缆测试工具。包括光功率表(DSP-FOM)、850/1300 nm LED 组合光源(DSP-FOS)、测试连接光缆、适配器和便携箱。DSP-FTK 是配套 DSP 系列电缆测试仪、OneTouch 网络故障一点通以及 OptiView 集成式网络分析仪所使用的光缆测试工具,用于测量室内和局域网的光缆的光功率和功率损耗。

② DSP FTA 光缆测试适配器。这是与 DSP-4x00 系列电缆测试仪配套的光纤测试工具。DSP-FTA420S 和 DSP-FTA410S 为多模光纤测试适配器,它使用 LED 光源方便精确地测量多模光缆的功率损耗以及长度。DSP-FTA430S 单模光纤测试适配器,它自动地对双光缆损耗进行测试,并使用 Fabry-Perot(FP) 激光光源在 1 310 nm 和 1 550 nm 上进行认证。DSP-FTA440S 千兆多模网光纤测试适配器,提供自动地双光缆损耗测试和认证,而使用的是 VCSEI 激光光源,在 850 nm 和 Fabry-Perot(FP) 激光光源在 1 310 nm 波长上测试。它还测试光缆链路的长度并依据吉比特以太网的标准认证测量结果。

③ FTI 光缆测试工具包。有基本工具包和增强型工具包两种配置。增强型工具包是施

工单位需要自动存储测试结果、管理数据以及生成测试报告的理想工具。为简单方便地检查和测试安装的光缆而设计。

光功率计只能测试光功率损耗，如果要确定损耗的位置和损耗的起因，就要采用光时域反射计（OTDR）。光时域反射计在进行测试时，把光脉冲注入光纤后测试反射回来的光，光缆连接器和接续子处会有光反射回来，光时域反射计根据反向散射来探测光纤链路中的连接器和接续子。同时，光时域反射计通过测量反向散射信号的返回时间来确定光缆连接点的距离。

6.8 工程验收

综合布线工程经过施工阶段后进入测试、验收阶段。工程验收是对工程建设工作的全面考核，检验设计和工程质量，是施工方向建设方移交的正式手续，也是用户对工程的认可。工程验收是一项系统性的工作，它不仅包含前面所述的链路连通性、电气和物理特性测试，还包括对施工环境、工程器材、设备安装、线缆敷设、缆线终接、竣工技术文档等的验收。验收工作贯穿于整个综合布线工程中，包括施工前检查、随工检验、初步验收、竣工验收等几个阶段，对每一阶段都有其特定的内容。

6.8.1 验收要求

在竣工验收之前，建设单位为了充分做好准备工作，需要有一个自检阶段和初检阶段。建设单位的常驻工地代表或工程监理人员必须按照工程质量标准检查工作，加强自检和随工检查等技术管理措施，力求消灭一切因施工质量而造成的隐患。所有随工验收和竣工验收的项目内容和检验方法等均应按照《建筑与建筑群综合布线系统工程验收规范》的规定办理。

由建设单位负责组织现场检查、资料收集与整理工作。设计单位，特别是施工单位必须提供资料和竣工图纸。

工程的验收主要以《建筑与建筑群综合布线系统工程验收规范》（GB/T50312—2000）作为技术验收规范。由于综合布线工程是一项系统工程，不同的项目会涉及其他一些技术规范，因此，综合布线工程验收还需符合以下技术规范：

① YD/T926—1～3(2000)《大楼综合布线总规范》；
② YD/T1013—1999《综合布线系统电气特性通用测试方法》；
③ YD/T1019—2000《数字通信用实心聚烯烃绝缘水平对绞电缆》；
④ YD5051—1997《本地网通信线路工程验收规范》；
⑤ YDJ39—1997《通信管道工程施工及验收技术规范（修订本）》。

在综合布线工程施工与验收中，当遇到上述各种规范未包括的技术标准和技术要求时，可按有关设计规范和设计文件的要求办理。由于综合布线技术日新月异，技术规范内容经常在不断地进行修订和补充，因此在验收时，应注意使用最新版本的技术标准。

6.8.2 验收阶段

1. 开工前检查

工程验收应从工程开工之日起就开始。从对工程材料的验收开始，严把产品质量关，保证工程质量。开工前检查包括设备材料检验和环境检查。设备材料检验包括查验产品的规格、数量、型号是否符合设计要求,检查线缆的外护套有无破损,抽查线缆的电气性能指标是否符合技术规范。环境检查包括检查土建施工情况,其中包括地面、墙面、门、电源插座及接地装置、机房面积和预留孔洞等环境。

2. 随工验收

在工程中为随时考核施工单位的施工水平和施工质量,并对产品的整体技术指标和质量有一个了解。部分验收工作应在随工中进行,如布线系统的电气性能测试工作、隐蔽工程等。这样可及早发现工程质量问题,避免造成人、财的浪费。

随工验收应对工程的隐蔽部分边施工边验收,在竣工验收时,一般不再对隐蔽工程进行复查,由建设方工地代表和质量监督员负责。

3. 初步验收

对所有的新建、扩建和改建项目,都应在完成施工调测之后进行初步验收。初步验收的时间应在原计划的建设工期内进行,由建设方组织设计、施工、监理和使用等单位人员参加。初步验收工作包括检查工程质量,审查竣工资料,对发现的问题提出处理的意见,并组织相关责任单位落实解决。

4. 竣工验收

综合布线系统接入电话交换系统、计算机局域网或其他弱电系统,在试运行后的半个月内,由建设方向上级主管部门报送竣工报告(含工程的初步决算及试运行报告),并请示主管部门组织对工程进行验收。

工程竣工验收为工程建设的最后一个程序,对于大、中型项目可以分为初步验收和竣工验收两个阶段。

一般综合布线系统工程完工后,在尚未进入电信、计算机网络或其他弱电系统的运行阶段,应先期对综合布线系统进行竣工验收。对综合布线系统各项检测指标认真考核审查,如果全部合格,且全部竣工图纸资料等文档齐全,即可对综合布线系统进行单项竣工验收。

6.8.3 验收内容

综合布线系统工程验收的主要内容为:环境检查、器材检验、设备安装检验、缆线敷设和保护方式检验、缆线终接和工程电气测试等。

1. 环境检查

① 房屋地面平整、光洁,门高度和宽度应不妨碍设备和器材的搬运,门锁和钥匙齐全。
② 房屋预埋地槽、暗管及孔洞和竖井的位置、数量、尺寸应均符合设计要求。
③ 敷面为活动地板的场所,活动地板防静电措施的接地应符合设计要求。
④ 交接间、设备间应提供 220 V 单相带地电源插座。
⑤ 交接间、设备间应提供可靠的接地装置,设置接地体时,检查接地电阻值及接地装置应符合设计要求。
⑥ 交接间和设备间的面积、通风及环境温、湿度应符合设计要求。

2. 设备安装验收

(1)机柜、机架安装要求

机柜、机架安装垂直偏差度应不大于 3 mm。机柜、机架安装位置应符合设计要求,如有抗震要求,则应按施工图的抗震设计进行加固。机柜、机架上的各种零件不得脱落或碰坏,漆面如有脱落应予以补漆,各种标志应完整、清晰。

(2) 各类配线部件安装要求

各部件应完整,安装就位,标志齐全;安装螺丝需拧紧,面板应保持在一个平面上。

(3) 模块插座安装要求

模块插座安装在活动地板或地面上,应固定在接线盒内,插座面板采用直立和水平等形式。接线盒盖可开启,并应具有防水、防尘、抗压功能。接线盒盖面应与地面齐平。8位模块式通用插座、多用户信息插座或集合点配线模块,安装位置应符合设计要求。8位模块式通用插座底座盒的固定方法按施工现场条件而定,宜采用预置扩张螺丝钉固定等方式。固定螺丝需拧紧,不应产生松动现象。

各种插座面板应有标识,以颜色、图形、文字表示所接终端设备类型。

(4) 电缆桥架及线槽的安装要求

① 桥架及线槽的安装位置应符合施工图规定,桥架及线槽节与节间应接触良好,安装牢固,左右偏差不超过 50 mm,水平度每米偏差不超过 2 mm。

② 垂直桥架及线槽应与地面保持垂直,并无倾斜现象,垂直度偏差不应超过 3 mm。

③ 线槽截断处及两线槽拼接处应平滑、无毛刺。

④ 吊架和支架安装应保持垂直,整齐牢固,无歪斜现象。

6.8.4 缆线的敷设和保护方式检验

1. 缆线敷设

(1) 缆线敷设要求

① 缆线的型式、规格应与设计规定相符。

② 缆线的布放应自然平直,不得产生扭绞、打圈接头等现象,不应受外力的挤压和损伤。

③ 缆线两端应贴有标签,标明编号,标签书写清晰、端正、正确。标签应选不易损材料。

④ 缆线终接后,应留有余量。交接间、设备间对绞电缆预留长度宜为 0.5~1.0 m,工作区为 10~30 mm;光缆布放宜盘留,预留长度宜为 3~5 m,有特殊要求的应按设计要求预留长度。

⑤ 缆线的弯曲半径符合规定。

⑥ 电源线、综合布线系统缆线应分隔布放,缆线间的最小净距符合设计要求,建筑物内电缆、光缆暗管敷设与其他管线最小净距符合规定。在暗管或线槽中缆线敷设完毕后,宜在信道两端口出口处用填充材料进行封堵。

(2) 预埋线槽和暗管敷设缆线要求

① 敷设线槽的两端宜用标志表示出编号和长度等内容。

② 敷设暗管宜采用钢管或阻燃硬质 PVC 管。

③ 放多层屏蔽电缆、扁平缆线和大对数主干光缆时,直线管道的管径利用率为 50%~60%,弯管道应为 40%~50%。

④ 暗管布放 4 对对绞电缆或 4 芯以下光缆时,管道的截面利用率应为 25%~30%。

⑤ 预埋线槽宜采用金属线槽,线槽的截面利用率不应超过 50%。

(3) 设置电缆桥架和线槽敷设缆线规定要求

① 电缆线槽、桥架宜高出地面 2.2 m 以上。

② 线槽和桥架顶部距楼板不宜小于 30 mm；在过梁或其他障碍物处，不宜小于 50 mm。

③ 槽内缆线布放应顺直，尽量不交叉，在缆线进出线槽部位、转弯处应绑扎固定，其水平部分缆线可以不绑扎。

④ 垂直线槽布放缆线应每间隔 1.5 m 固定在缆线支架上。

⑤ 电缆桥架内缆线垂直敷设时，在缆线的上端和每间隔 1.5 m 处应固定在桥架的支架上；水平敷设时，在缆线的首、尾、转弯及每间隔 5～10 m 处进行固定。

⑥ 在水平、垂直桥架和垂直线槽中敷设缆线时，应对缆线进行绑扎。

⑦ 对绞电缆、光缆及其他信号电缆应根据缆线的类别、数量、缆径、缆线芯数分束绑扎，绑扎间距不宜大于 1.5 m，间距应均匀，松紧适度。

⑧ 楼内光缆宜在金属线槽中敷设，在桥架敷设时应在绑扎固定段加装垫套。

(4) 采用吊顶支撑柱作为线槽的技术要求

在顶棚内敷设缆线时，每根支撑柱所辖范围内的缆线可不设置线槽进行布放，但应分束绑扎，缆线护套应阻燃。

(5) 建筑群子系统采用架空、管道、直埋、墙壁及暗管敷设电、光缆的施工技术要求

建筑群子系统采用架空、管道、直埋、墙壁及暗管敷设电、光缆的施工技术要求应按照本地网通信线路工程验收的相关规定执行。

2. 保护措施

(1) 水平子系统缆线敷设保护要求

① 预埋金属线槽保护要求。在建筑物中预埋线槽，宜按单层设置，每一路由预埋线槽不应超过 3 根，线槽截面高度不宜超过 25 mm，总宽度不宜超过 300 mm。

线槽直埋长度超过 30 m 或在线槽路由交叉、转弯时，宜设置过线盒，以便于布放缆线和维修。

过线盒盖能开启，并与地面齐平，盒盖处应具有防水功能。

② 预埋暗管保护要求。预埋墙体中间的最大管径不宜超过 50 mm，楼板中暗管的最大管径不宜超过 25 mm。

直线布管每 30 m 处应设置过线盒装置。暗管的转弯角度应大于 90°，在路径上每根暗管的转弯角度不得多于 2 个，并不应有 S 弯出现，有弯头的管段长度超过 20 m 时，应设置管线过线盒装置；在有 2 个弯时，不超过 15 m 应设置过线盒。

暗管转弯的曲率半径不应小于该管外径的 6 倍，当暗管外径大于 50 mm 时，不应小于 10 倍。暗管管口应光滑，并加有护口保护，管口伸出部位宜为 25～50 mm。

③ 网络地板缆线敷设保护要求。线槽之间应沟通；线槽盖板应可开启，并采用金属材料；主线槽的宽度由网络地板盖板的宽度而定，一般宜在 200 mm 左右，支线槽宽不宜小于 70 mm。

活动地板下敷设缆线时，活动地板内净空应为 150～300 mm。地板块应抗压、抗冲击和阻燃。

④ 设置缆线桥架和缆线线槽保护要求。桥架水平敷设时，支撑间距一般为 1.5～3 m，垂直敷设时固定在建筑物构体上的间距宜小于 2 m，距地 1.8 m 以下部分应加金属盖板保护。

金属线槽敷设时，在下列情况下须设置支架或吊架：线槽接头处；每间距 3 m 处；离开线槽两端出口 0.5 m 处；转弯处。金属线槽、缆线桥架穿过墙体或楼板时，应有防火措施，接地

符合设计要求。

塑料线槽槽底固定点间距一般宜为 1 m。

采用公用立柱作为顶棚支撑柱时,可在立柱中布放缆线。立柱支撑点宜避开沟槽和线槽位置,支撑应牢固。立柱中电力线和综合布线缆线合一布放时,中间应有金属板隔开,间距应符合设计要求。

(2) 干线子系统缆线敷设保护方式要求

缆线不得布放在电梯或供水、供汽、供暖管道竖井中,亦不应布放在强电竖井中。干线通道间应沟通。

(3) 建筑群子系统缆线敷设保护方式要求

建筑群子系统缆线敷设保护方式应符合设计要求。

6.8.5 缆线终接检验

1. 缆线终接要求

① 缆线在终接前,必须核对缆线标识内容是否正确,对绞电缆与插接件连接应认准线号、线位色标,不得颠倒和错接。

② 缆线中间不允许有接头,终接处必须牢固、接触良好。

2. 对绞电缆芯线终接要求

① 终接时,每对绞线应保持扭绞状态,扭绞松开长度对于 5 类线不应大于 13 mm。对绞线在与 8 位模块式通用插座相连时,必须按色标和线对顺序进行卡接。

② 屏蔽对绞电缆的屏蔽层与接插件终接处屏蔽罩必须可靠接触,缆线屏蔽层应与接插件屏蔽罩 360°圆周接触,接触长度不宜小于 10 mm。

3. 光缆芯线终接要求

① 采用光纤连接盒对光纤进行连接、保护,在连接盒中光纤的弯曲半径应符合安装工艺要求。光纤熔接处应加以保护和固定,使用连接器以便于光纤的跳接。

② 光纤连接盒面板应有标志。

③ 光纤连接损耗值,应符合表 6-9 中的规定。

表 6-9 光纤连接损耗

连接类别	光纤连接损耗/dB			
	多 模		单 模	
	平均值	最大值	平均值	最大值
熔接	0.15	0.3	0.15	0.3

4. 各类跳线的终接规定

各类跳线缆线和接插件间接触应良好,接线无误,标志齐全。跳线选用类型应符合系统设计要求。

各类跳线长度应符合设计要求,一般对绞电缆跳线不应超过 5 m,光缆跳线不应超过 10 m。

6.8.6 工程电气测试

符合国家有关建筑物及机房电气设施标准中的电气测试部分的要求。

6.8.7 工程验收项目汇总

综合布线系统工程的验收包括建筑物、建筑群与住宅小区几个部分的内容验收,但每一个单项工程应根据所包括的范围和性质编制相应的检验项目和内容,不要完全照搬。综合布线系统的工程验收项目汇总表如表 6-10 所列。

表 6-10 综合布线系统工程检验项目及内容表

阶段	验收项目	验收内容	验收方式
施工前检查	1. 环境要求	土建施工情况:地面、墙面、门、电源插座及接地装置 土建工艺:机房面积、预留孔洞 施工电源 地板敷设	施工前检查
	2. 设备材料检验	外观检查 形式、规格、数量 电缆电气性能测试 光纤特性	施工前检查
	3. 安全、防火要求	消防器材 危险物的堆放 预留孔洞防火措施	施工前检查
电、光缆布放	1. 交接间、设备间、设备机柜、机架	规格、外观 安装垂直、水平度 油漆不得脱落,标志完整齐全 各种螺丝必须紧固 抗震加固措施 接地措施	随工检查
	2. 配线部件及 8 位模块式通用插座	规格、位置、质量 各种螺丝必须拧紧 标识齐全 安装符合工艺要求 屏蔽层可靠连接	随工检查
电、光缆布放(楼内)	1. 电缆桥架及线槽布放	安装位置正确 安装符合工艺要求 符合布放线工艺要求 接地	随工检查
	2. 缆线暗敷(包括暗管、线槽、地板等方式)	缆线规格、路径、位置 符合布放线工艺要求 接地	随工检查

续表 6-10

阶　段	验收项目	验收内容	验收方式
电、光缆布放（楼内）	1. 架空缆线	缆线规格、架设位置、装设规格 吊线垂度 缆线规格 卡、挂间隔 缆线的引入符合工艺要求	随工检查
	2. 管道缆线	使用管孔孔位 缆线规格 缆线走向 缆线防护设施的设置质量	隐蔽工程签证
	3. 埋式缆线	缆线规格 敷设位置、深度 缆线防护设施的设置质量 回土夯实质量	隐蔽工程签证
	4. 隧道缆线	缆线规格 安装位置、路由 土建设计符合工艺要求	隐蔽工程签证
	5. 其他	通信线路与其他设施的间距 进线室安装、施工质量	随工检查或隐蔽工程签证
缆线终接	1. 8位模块式通用插座 2. 配线部件 3. 光纤插座 4. 各类跳线	符合工艺要求	随工检查
系统测试	1. 工程电气性能测试	连接图 长度 衰减 近端串音（两端都应测试） 设计中特殊规定的测试内容	竣工检查
	2. 光缆特性测试	衰减 长度	
工程总验收	1. 竣工技术文件 2. 工程验收评价	清点、交接技术文件 考核工程质量、确认验收结果	竣工检查

6.9　竣工验收

6.9.1　竣工验收组织

按照综合布线行业的国际惯例，大、中型的综合布线工程主要是由国家注册具有行业资质的第三方认证服务提供商来提供竣工测试验收服务的。

国内当前综合布线工程竣工验收有以下几种情况：
- 施工单位自己组织验收；
- 施工监理机构组织验收；
- 第三方测试机构组织验收（分两种）：质量监察部门提供验收服务；第三方测试认证服务提供商提供验收服务。

6.9.2 竣工验收依据

① 技术设计方案；
② 施工图设计；
③ 设备技术说明书；
④ 设计修改变更单；
⑤ 现行的技术验收规范。

6.9.3 竣工验收项目

竣工验收包括物理验收和竣工技术文档验收，物理验收按 6.8 节内容组织实施。

1. 竣工决算和竣工资料移交基本要求

（1）了解工程建设的全部内容

了解工程全过程，即从发生、发展至完成的全部过程，并以图、文、声、像形式进行归档。

（2）应当归档的文件

应归档的文件包括项目的需求调研报告、可行性研究报告及在评估、决策、计划、勘测、设计、施工、测试和竣工的工作中形成的文件材料。其中竣工图技术资料是工程使用单位长期保存的技术档案，要做到准确、完整、真实，符合长期保存的归档要求。

竣工图必须做到：
- 与竣工的工程实际情况完全符合；
- 保证绘制质量，做到规格统一，字迹清晰，符合归档要求；
- 经过施工单位的主要技术负责人审核、签字。

2. 竣工技术文档内容

在工程验收以前，应将工程竣工技术资料交给建设单位。竣工技术文件按下列内容要求进行编制。

① 安装工程量、工程说明；
② 设备、器材明细表；
③ 竣工图纸为施工中更改后的施工设计图；
④ 测试记录（宜采用中文表示）；
⑤ 工程变更、检查记录及施工过程中，需更改的设计或需采取的相关措施，建设、设计、施工等单位的洽商记录；
⑥ 随工验收记录、隐蔽工程签证；
⑦ 工程决算书。

习 题

1. 简述试验测试和认证测试的内容及其作用。
2. 试分析基本链路、永久链路、通道的异同点。
3. 6类布线系统认证测试需要测试哪些参数?
4. 解释 FIMKE:DSP 4X00 仪表中余量的概念。
5. 简述 DSP4X00 测试步骤。
6. 为什么要进行 NVP 校验,怎样校验?
7. 简述 NEXT 的概念、产生的原因以及 DSP 测试仪中用什么方法进行分析。
8. 简述 RL 的概念、产生的原因以及 DSP 测试仪中用什么方法进行分析。
9. 如何组织一次竣工验收?
10. 竣工验收中竣工技术文档有哪些内容?

第7章 网络综合布线工程实例

◎ **本章要点**
- 办公楼综合布线系统设计
- 商业大楼综合布线系统设计

◎ **学习要求**
- 体会综合布线设计的整体思路
- 领会综合布线系统从设计到实施的基本过程

7.1 办公楼综合布线系统设计

7.1.1 设计概述

1. 工程概况

某公司办公大楼,大楼共10层,楼长70 m,1～4楼宽45 m,5～10楼宽30 m,楼层高3 m。大楼在土建时均已经设计和安装了综合布线系统所需要的线槽线管,因此设计和施工当中不需要对此部分做设计及预算。根据用户的需求,需要设计及安装综合布线系统。在综合布线系统上传输的信号种类为数据和语音。每个信息点的功能要求在必要时能够进行语音和数据通信的互换使用。

2. 设计范围及分工

本设计包含网络及电话的综合布线部分的设计及施工。

综合布线范围:由各个楼层配线间至各个信息点室内,布放超5类双绞线。设计时根据要求,水平布线布放到各用户办公桌靠近电源插座处。

其还包括:各个楼层配线间至主设备间的光缆、室内超5类双绞线的布放。标准24口光缆配线架、标准24口模块式配线架、110配线架和机柜的安装等。

本设计设置中心机房,中心机房设在大厦1层靠近电梯处的一个房间内。

7.1.2 综合布线系统设计

1. 需求分析

根据用户要求,本方案采用综合布线系统,最终为用户提供一个开放的、灵活的、先进的和可扩展的线路基础。可提供数据和语音通信。

本方案布线结构采用星形拓扑结构。每个单元的电脑都可以通过布线系统与配线间的交换机相连,实现高速上网。根据大厦的办公室设置及考虑预留的实际情况,信息点数分布按现有办公室数量,每个办公室设置1~2个工作区(每个工作区2个信息点,其中电话与数据各1个)的原则进行设计,共设置504个信息点。

具体的信息点分布如表7-1所列。

表7-1 信息点分布统计

配线间位置	楼层	数据信息点	语言信息点	小计
电梯附近小房间	F/1	27	27	54
弱电井	F/2	27	27	54
弱电井	F/3	27	27	54
弱电井	F/4	27	27	54
弱电井	F/5	24	24	48
弱电井	F/6	24	24	48
弱电井	F/7	24	24	48
弱电井	F/8	24	24	48
弱电井	F/9	24	24	48
弱电井	F/10	24	24	48
总计		252	252	504

2. 系统设计

根据将来通信的需求,产品选型原则如下:
- 语音及数据的插座模块及水平线缆均选择超5类产品。
- 面板采用双孔86型墙上型面板。
- 语音干线选择5类大对数非屏蔽双绞线,并预留50%的余量,数据干线选择4芯多模光纤,每个管理间配置1条,目前的应用为2芯,有2芯备用,使得干线系统具有合理的冗余性。
- 管理间语音水平子系统配线架选择110型交叉连接配线架;数据水平子系统配线架选择超5类24口模块式配线架;语音垂直干线子系统配线架选择110型交叉连接配线架;数据垂直子系统采用19英寸24口光纤配线架。
- 考虑到维护管理的方便,管理间及设备间的配线架均采用19英寸24口落地/壁挂机柜安装方式。
- 语音总配线架采用交叉连接配线架(110型配线架),连接来自各管理间的语音垂直干线,并预留足够端子用于连接来自程控交换机配线架的语音线缆,数据总配线架采用19英寸24口光缆配线架,连接来自各管理间的垂直光纤;采用42U 19英寸落式机柜安装。

(1) 工作区子系统

本工程的工作区按照信息点进行划分,两个信息点为一个标准工作区,信息端口底盒均安装在离地面高30 cm处。

(2) 水平子系统

数据及语音信息点的水平数据线缆采用VCOM室内超5类非屏蔽双绞线系列。水平线缆从IDF机柜引出后,通过水平线槽及垂直线槽连接到底盒处并做好预留。水平走廊的线槽及办公室内的线管均在土建时已经架设好,设计及施工时不再对线槽线管进行设计。

水平线缆计算方法:

$$L_{平均} = (((L_{最长} + L_{最短})/2) \times 1.1) + 6$$
$$S_{总} = L_{平均} \times 504/305$$

(3) 管理子系统

管理子系统及涉及器件。管理子系统由交连、互连配线架，信息插座式配线架以及相关跳线组成。管理点为连接其他子系统提供连接手段。交连和互连允许用户将通信线路定位或重定位到建筑物的不同部分，以便能更容易地管理通信线路。

通过卡接或插接式跳线，交叉连接允许用户将端接在配线架一端的通信线路与端接于另一端配线架上的线路相连。插入线为重新安排线路提供一种简易的方法，而且不需要安装跨接线时使用的专用工具。

互连完成与交叉连接相同的目的，只是使用了带插头的跳线、插座和适配器。互连和交连适用于光缆。光缆交叉连接要求使用光缆跳线——在两端都有光接头的光缆跳线。

本系统中：
- 100 对 110 型交叉连接配线架支持语音传输；
- 超 5 类 24 口模块式配线架支持数据传输；
- 24 口机柜式光纤配线架支持数据传输；
- 语音跳线为卡接式跳线，用于管理间与设备间的语音点跳接；
- 高速数据跳线用于管理间和工作区数据点跳接，系统中暂不配置数据跳线；
- ST－SC 光纤跳线用于管理间与设备间连接垂直光纤和网络设备，系统中暂不配置。

(4) 配线间设计

楼层分配线架(IDF)安装在各楼层弱电竖井内的 19 英寸机柜内，并尽量靠近进线口。根据楼层信息点数量多少确定一层或者多层共用一个配线间。

布线系统涉及大量的线路连接，这样大量的连线给管理带来了一定的困难。GCS 色标标记方案系统而科学地规定了怎样根据参数和识别步骤，查清交连场的线路和设备端接点。

作为一种重要的技术文档，色标标记方案是以后的布线管理重要的技术依据。

GCS 色标标计方案示意图，如图 7-1 所示。

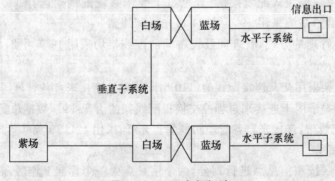

图 7-1　GCS 色标标计

配线间应尽量保持室内无尘土、通风良好、室内照明不低于 150 lx，应符合有关消防规范、配置有关消防系统。每个电源插座容量不小于 300 W。弱电竖井原则上应位于配线室内。

(5) 垂直干线子系统

① 干线子系统及涉及器件。干线子系统是整个建筑物综合布线系统的一部分。它提供建筑物的干线(馈电线)电缆的路由，通常由垂直大对数铜缆或光缆组成。它的一端端接于设

备机房的主配线架上,另一端通常端接在楼层接线间的各个管理分配线架上。水平干线也可能是一端端接在楼层接线间配线架上,另一端则端接用户工作区。

语音干线按照每1对双绞线对应一个语音点考虑,并预留50%的余量。数据光缆按照每个管理间配置1根4芯多模光纤设计。

本设计中采用VCOM 5类50对UTP作为语音主干,采用4芯室内多模光缆为数据主干,连接设备间MDF和各分配线架。

② 干线用量。垂直主干线缆的计算方法如下:

垂直线缆长度(m)=(距MDF层数×层高(m)+电缆井至MDF距离(m)+端接容限(光纤10 m,双绞线6 m))×(每层需要根数)

③ 垂直线缆布线方式。通常将10 cm的刚性金属管在浇注时嵌入混凝土地板,比地板表面高出2.5~10 cm,电缆捆在钢绳上,钢绳又固定到墙上已铆好的金属条上,当接线间上下对齐时,采用电缆孔方法。这种方法防火,提供机械保护,美观;但灵活性差,成本高,需要周密筹划。

④ 设备间子系统及涉器件。设备间子系统由设备间中的跳线电缆和适配器组成,它把中央主配线架与各种不同设备互连起来,如配线架、网络设备等与主配线架之间的连接。通常该子系统设计与网络具体应用有关,相对独立于通用的结构布线系统。

➢ 大楼的数据及语音的机房均设在1F总机房;
➢ 100对110型交叉连接配线架支持语音传输;
➢ 24口19英寸机柜式光纤配线架支持数据传输。

⑤ 设备间子系统设计。设备间110型语音配线架可安装于机柜上,数据总配线架为24口19英寸光纤配线架,安装在19英寸机柜内,总配线架的安装位置应尽量靠近入线口。

配置了1个42U机柜用于语音,1个42U机柜用于数据。

设备间子系统是整个配线系统的中心单元,它的布放、选型及环境条件的考虑是否适当都直接影响到将来信息系统的正常运行及维护和使用的灵活性。

7.1.3 主要工程量表

主要工程量如表7-2所列。

表7-2 主要工程量表

序号	名称	单位	数量	备注
1	超5类模块端接	个	504.00	
2	布放4芯室内光缆	米	360.00	
3	布放5类50对室内大对数电缆	米	288.00	
4	布放室内超5类非屏蔽双绞线	百米	183.00	
5	光纤熔接	点	72.00	
6	安装100对110型配线架(水平用)	个	12.00	
7	安装100对110型配线架(主干用)	个	9.00	
8	安装24口光缆配线架	个	11.00	
9	安装24口模块式配线架	个	14.00	
10	安装12U壁挂式机柜(带4座排插)	个	9.00	
11	安装42U壁挂式机柜(带5座排插)	个	2.00	

7.1.4　主要布线材料计算

该项工程主要布线材料计算如表7-3所列。

表7-3　主要布线材料计算

序　号	名　　　称	单　位	数　量	备　注
1	超5类信息模块	个	504.00	
2	双口面板	个	252.00	
3	4芯室内光缆	米	360.00	
4	5类50对室内大对数电缆	米	288.00	
5	布放室内超5类非屏蔽双绞线	箱(305m)	60.00	
6	ST耦合器	个	72.00	
7	ST多模光纤尾纤(1.5m)	个	72.00	
8	100对110型配线架(水平用)	个	12.00	
9	100对110型配线架(主干用)	个	9.00	
10	24口光缆配线架	个	11.00	
11	24口模块式配线架	个	14.00	
12	12U壁挂式机柜(带4座排插)	个	9.00	
13	42U壁挂式机柜(带5座排插)	个	2.00	

7.1.5　工程图纸

建筑物平面图,如图7-2、图7-3所示。布线系统拓扑结构图如图7-4所示。

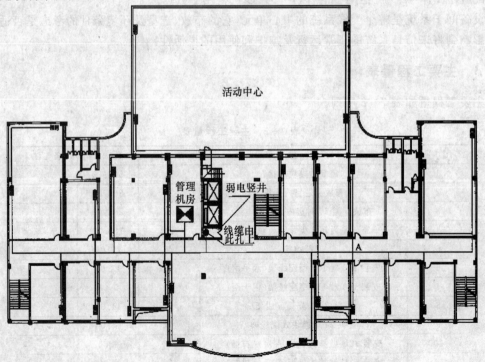

图7-2　建筑物1~4层平面图

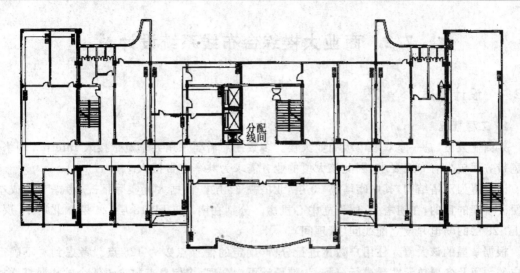

图 7-3　建筑物 5~10 层平面图

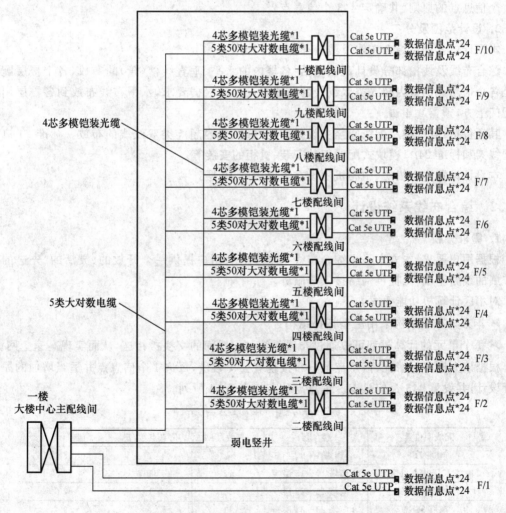

图 7-4　综合布线系统拓扑结构图

7.2 商业大楼综合布线系统设计

7.2.1 设计概述

1. 工程概况

某商业大厦,是一座双塔甲级商业大楼。多数用户需要采用共享宽带接入 Internet 网络。在宽带方面较少有专线要求,因此该大厦的业务需求为共享宽带接入。

该大厦为双塔结构,其中南塔高 30 层,北塔高 34 层。根据大厦实际情况,考虑节约成本和便于管理的目的,在南塔 10 层设立中心机房。分别在南塔 7 层、18 层、26 层和北塔 12 层、20 层、28 层的弱电井设立配线间(管理间)。

根据掌握的该大厦入住用户数量进行分析,确定的信息点数为 426 点。考虑到对不确定用户的预留及各层单元数量进行分配,为使设计更为合理,将信息点数少于 4 个的楼层都增加到 4 个信息点的原则,共确定 443 个信息点。

2. 设计范围及分工

本设计包含网络综合布线及线槽部分的设计。

综合布线及线槽部分设计范围包括:各楼内的水平、垂直线槽(管)的布放,各个楼层配线间至各个信息点的室内超 5 类双绞线的布放。设计时根据要求,水平布线布放到各楼层用户单元门上方,预留 0.4 m。

其还包括:各个楼层配线间至主设备间的光缆、室内超 5 类双绞线的布放。标准 24 口光缆配线架和标准 24 口模块式配线架的安装、机柜的安装等。

本设计设置中心机房,中心机房设在大厦南塔 10 层。

7.2.2 综合布线系统设计

1. 需求分析

根据用户要求,本方案采用综合布线系统最终为用户提供一个开放的、灵活的、先进的和可扩展的线路基础,可提供网络接入等服务。

对小区计算机功能要求如下:

➢ 本方案布线结构采用星型拓扑结构;
➢ 每个单元的计算机都可以通过布线系统与配线间的交换机相连,从而实现高速上网。

根据该大厦实际情况,信息点数分布按现有公司数量,每户 1 个信息点并适当增加的原则进行设计,共设置 443 个信息点。信息点分布如表 7-4 所列。

表 7-4 信息点分布

配线间位置	楼层	户数/层	信息点数/户	小 计
南塔 7F	南塔 1~9 层	4	1	38
南塔 10F(中心机房)	南塔 10~15 层	12	1	72
南塔 18F	南塔 16~22 层	13	1	87
南塔 26F	南塔 23~30 层	11	1	89
北塔 12F	北塔 7~15 层	6	1	53

续表 7-4

配线间位置	楼层	户数/层	信息点数/户	小计
北塔 20F	北塔 16～25 层	5	1	46
北塔 28F	北塔 26～34 层	6	1	58
			总计	443

2. 系统设计

根据将来网络通信的需求，水平全部采用 VCOM 超 5 类布线系统，主干采用 VCOM 室内光缆和 VCOM 室内超 5 类双绞线。布线系统采用模块化设计，星型拓扑结构，最易于将来布线上的扩充及重新配置。

(1) 工作区子系统

本工程的工作区按照信息点进行划分，一个信息点为一个标准工作区，信息端口底盒安装在每个单元的门口天花上位置并预留 0.4 m，在采用明敷 PVC 线槽，水平布放线缆时线缆只布放到每个住户的单元处，加设底盒，只在前端做测试模块，便于线路测试。

(2) 水平子系统

数据信息点的水平数据线缆采用 VCOM 室内超 5 类双绞线系列。水平线缆从 IDF 机柜引出后，通过水平线槽及垂直线槽连接到客户门口指定位置。

(3) 管理子系统

根据各个配线间管理的信息点数及网络的需求，选择不同的配线架。分配线间多少合适与否，决定了整个布线成本的多少。从设计上看要基本考虑到距离、管道等因素，按照"在不影响性能基础上，最大程度节省成本"的出发点设计。本次设 1 个中心机房(MDF)、6 配线间(IDF)。具体设备配置如本节图纸。

(4) 垂直干线子系统

在主机房和配线间(即从主配线间至各分配线间)采用 VCOM 室内 6 芯、12 芯多模光缆及室内超 5 类双绞线连接至各分配线间。其中，从南塔 10 楼中心机房引一条 6 芯多模光缆至南塔 26 楼配线间；再从南塔 10 楼中心机房引一条 12 芯多模光缆至北塔 12 楼配线间；再由北塔 12 楼配线间通过 8 条室内超 5 类双绞线(实用 2 条，6 条备用)分别引至北塔 20 楼及北塔 28 楼配线间。

(5) 设备间子系统

主机房(MDF)采用 VCOM 标准 19 英寸 42U 规格落地式机柜，配标准电源插座。

分配线间采用 VCOM 标准 19 英寸 12U 或定做机柜，并配有电源插座。

7.2.3 产品选型

综合布线系统包含了计算机网络系统。整个综合布线系统的设备和产品按水平布线进行配置和选型。本设计方案中计算机网络系统交连设备选用广州市唯康通信技术有限公司的 VCOM 全系列产品。

材料选择及数量：

南塔 10 楼中心机房引出 2 条多模光缆及 8 条室内超 5 类双绞线分别连接各层的配线间。其中，从南塔 10 楼中心机房引 1 条室内 12 芯多模光缆至北塔 12 楼的配线间，引 1 条 6 芯室内多模光缆至南塔 26 楼、引 4 条室内超 5 类双绞线(实用 1 条，3 条备用)至南塔 7 楼配线间、引 4 条室内超5类双绞线(实用1条,3条备用)至南塔18楼配线间。从北塔12楼引4条室内超5类双绞线(实用1条,3条备用)到北塔20楼配线间;从北塔12楼引4条室内超5类双绞线(实用1条,3条备用)到北塔28楼配线间。因为考虑到以后用户数量的增加,所以多预留以备用。

7.2.4 主要工程量表

该综合布线工程主要工程量统计如表7-5所列。

表7-5 主要工程量表

序 号	项目名称	单 位	数 量	备 注
1	布放室内超5类双绞线	百米	183	
2	布放6芯室内多模光缆	米	100	
3	布放12芯室内多模光缆	米	120	
4	布放安装镀锌金属线槽 200 mm×60 mm	米	300	
5	布放安装 24 mm×14 mm PVC 线槽	米	220	
6	布放安装 100 mm×27 mm PVC 线槽	米	2 500	
7	安装24口模块式配线架	个	21	
8	安装24口光缆配线架	个	3	
9	光缆头制作	个	36	
10	安装42U落地式标准机柜	台	1	
11	安装12U壁挂式标准机柜	台	6	
12	安装标准塑料底盒	个	443	

7.2.5 工程材料计算

该综合布线工程主要工程材料计算如表7-6所列。

表7-6 主要工程材料计算

序 号	名 称	单 位	数 量	备 注
1	6芯室外光缆	米	100.00	
2	12芯室外光缆	米	120.00	
3	室内4对UTP线缆	箱(305米)	58.00	
4	6光缆耦合器条	个	4.00	
5	24光缆耦合器条	个	1.00	
6	光缆配线盒空白条	个	4.00	
7	ST头	个	48.00	
8	一对打线工具	把	1.00	
9	12U壁挂式机柜(带4座排插)	个	6.00	
10	12/24口光缆配线架	个	3.00	
11	24口模块式配线架	个	21.00	
12	镀锌套塑铁线	米	200.00	
13	塑料标志牌	块	80.00	
14	自攻螺丝	包	20.00	
15	胶粒	100/排	4.00	

续表 7-6

序 号	名 称	单 位	数 量	备 注
16	PVC 电工胶布	卷	20.00	
17	连盖塑料底盒	个	443.00	
18	镀锌线槽	米	300.00	
19	镀锌线槽配套材料	项	1.00	
20	难燃 PVC 线槽	米	2500.00	
21	难燃 PVC 线槽	米	220.00	
22	难燃 PVC 线槽弯头	个	250.00	

7.2.6 工程图纸

该综合布线系统中,中心机房机柜设备布置如图 7-5 所示,分配线间机柜设备布置如图 7-6 所示,系统路由结构如图 7-7 所示,拓扑结构如图 7-8 所示。

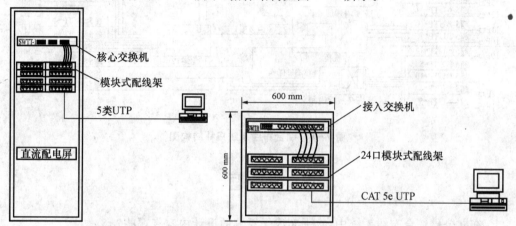

图 7-5 中心机房机柜设备布置图　　　图 7-6 分配线间机柜设备布置图

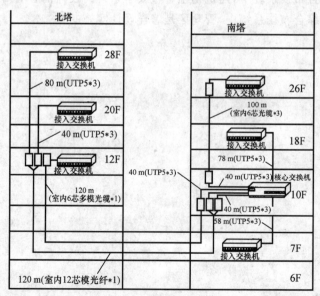

图 7-7 系统路由结构图

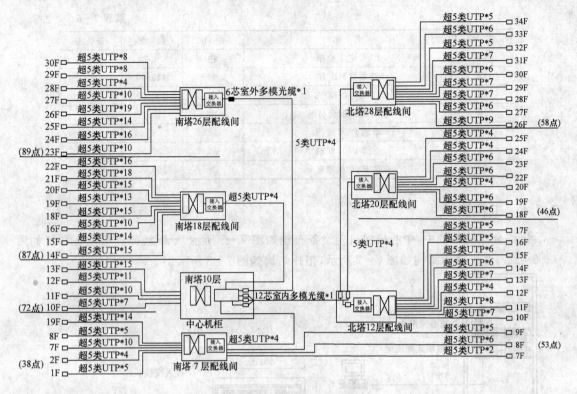

图 7-8 综合布线系统拓扑结构图

习 题

1. 在办公楼综合布线系统中,水平布线子系统的设计内容有哪些?
2. 在办公楼综合布线系统中,建筑物主干布线子系统的设计内容有哪些?
3. 在商业大楼综合布线系统中,管理区是怎样设计实施的?

第8章 实训指导

本章要点

- 认识综合布线系统结构
- 5类双绞线RJ-45水晶接头的制作
- 110型配线架、信息模块的电缆端接
- 同轴电缆连接器的制作
- 布线通道的组合安装
- 各种线缆、光缆的敷设布放
- 设备机架安装及光、电缆的终端固定
- 光纤的测量

学习要求

- 了解综合布线系统的基本组成及各子系统的划分
- 了解布线网络的拓扑结构,对综合布线系统有一个整体上的感性认识
- 掌握双绞线连接器T568A和T568B的线序安排和水晶接头的制作工艺要求
- 学会电缆连通测试器的使用方法,学会检验接线图的正确与否
- 掌握110型配线架单元模块的正确组装
- 掌握细同轴电缆BNC连接器的制作方法
- 通过组装PVC塑料管和金属槽布线通道,了解附件名称和安装的正确组合,掌握一般安装工具的正确使用
- 熟悉光缆、5类双绞线电缆、电话线的布放方法;学会用拉线牵引电缆;学会整理、捆扎、固定电缆;学会电缆终端头的正确处理和端接;学会在电缆端头做标签
- 掌握通信机房设备机架的正确安装方法。对光、电缆的引入和配线规则有正确的理解。掌握接地电阻的测试方法

实训一 认识综合布线系统结构

1. 实训目的

通过本次实训,了解综合布线系统的基本组成及各子系统的划分,了解布线网络的拓扑结构,并对综合布线系统有一个感性认识。

2. 实训器材

参观学校校园网络的布线系统,或者参观一个企业局域网络的综合布线系统。

3. 实训内容与步骤

① 在学习了本书前 3 章内容的基础上,尽可能详细参观综合布线系统的网络布线情况,并注意观察综合布线的布线路由和线缆通道方式的选择,画出如图 8-1 和图 8-2 所示的综合布线管线通道草图。

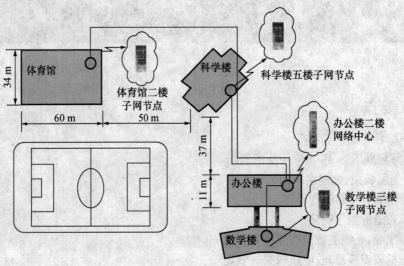

图 8-1 校园网综合布线草图

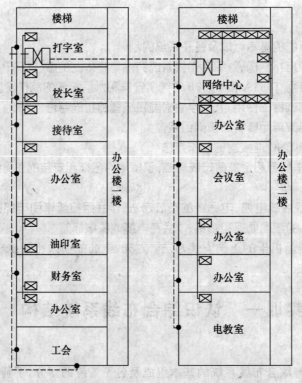

图 8-2 办公楼建筑物内综合布线通道草图

② 根据草图,分析该综合布线系统的网络拓扑结构。

4. 注意事项

① 充分了解综合布线的网络拓扑结构和各子系统的范围及作用。

② 在作图时要注意应运所学内容,多参考一些综合布线的参考书。

5. 思考题

① 画出布线网络拓扑图、建筑群平面草图、建筑物平面草图。

② 是否每一幢楼都要设置大楼总配线架?是否每一层楼都要设置楼层配线间和楼层配线架?

实训二 5 类双绞线 RJ–45 水晶接头的制作

1. 实训目的

通过 5 类线水晶接头的制作了解 5 类线的色谱和电缆线序。掌握双绞线连接器中的 T568A 和 T568B 的线序安排和水晶接头的制作工艺要求。学会电缆对号设备的使用方法,检验接线图是否正确。

2. 实训器材

➢ 5 类双绞线 1 m;

➢ RJ–45 水晶接头 2 个;

➢ 5 类双绞线电缆连通测试器 1 个;

➢ 8P 水晶头压接钳 1 把。

3. 实训内容与步骤

① 从线箱中取出长度为 1 m 的 5 类 UTP 电缆,使用专用夹线钳剪断。

② 自端头剥去大于 40 mm 的外皮,露出 4 对线。在操作时不要将里面的导线损伤,且里面芯线的外皮不需要剥掉。将双绞线反向缠绕开,根据 T568B 排好线序。定位电缆线序,使它们的顺序号是 1 和 2,3 和 6,4 和 5,7 和 8,如图 8–3 所示。

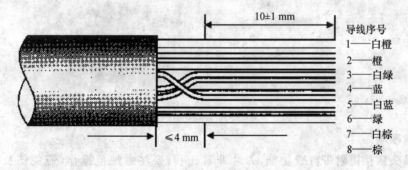

图 8–3 五类线头的处理

③ 将理好的线并排插入水晶头内,注意使水晶头平的一面向上。导线应伸到插头的最前端,如图 8–4 所示。电缆的护套线要留在水晶头压扣窗的里面,这样压接后电缆护套外皮与水晶头压扣才能压实扣紧。插入 RJ–45 水晶接头的导线,在 RJ–45 水晶接头最前端能够见到铜芯。

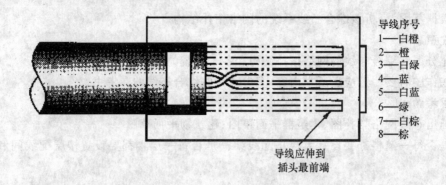

图 8-4 电缆端头在水晶头内的正确位置

④ 当确定前面的工作都已经完成后,用压线钳压实水晶头,压接力量要到位,不必担心水晶头被压坏。

⑤ 用已经做好的 5 类双绞线电缆插入连通测试器的 RJ-45 插口,对所完成的双绞线跳线进行连通测试,判断连接线是否正确连通。

连通测试器是一种使用简易的测试仪器,如图 8-5 所示,有发送头和接收头两部分,分别接于被测电缆的两端。发送头里配备了一个 9 V 叠层电池。由于 5 类双绞线只有 4 对导线,所以面板上就提供了 4 个信号灯以对应接线情况。通过信号灯可以很清楚地判断线序的连通情况。如果线接的没问题,4 个灯会顺序点亮并循环,如果灯不按顺序循环点亮或个别灯不亮都说明线序连接有问题。如果线对间出现反接(如 1 和 2 间线对接反),测试器会出现红灯。

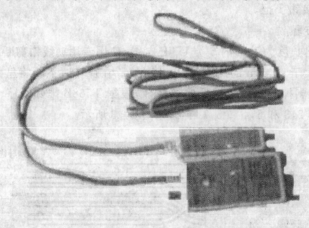

图 8-5 连通测试器

4. 注意事项

① 水晶头压接钳附带剪线功能,刀片非常锋利,要注意规范操作,避免伤及手指和电缆芯线。

② 制作工艺评分标准:测试器每显示出正确连通一对线,得 20 分;双绞线护套线按规定的位置插入水晶头内,每个接头得 10 分,满分 100 分。

5. 思考题

① 用压线钳剥去护套皮时,只能在垂直电缆方向打圈划痕,再用手剥去要除去的护套。

切不可打圈划痕后直接用压线钳推出护套皮,为什么?

② 部分同学所做的 RJ-45 水晶头连接到电缆连通测试器,测试出 4 对中有几对不通,分析可能是什么原因?

③ 已经理好的导线头应伸到插头的最前端,如图 8-4 所示。为什么电缆的护套线要留在水晶头压扣窗的里面?

④ 已经做好的连接线用电缆连通测试器测试,指示灯不是 1-2-3-4 循环点亮,而是 1-3-2-4 循环点亮,这是什么原因?

实训三 110 型配线架、信息模块的电缆端接

1. 实训目的

配线架和信息模块是综合布线系统中最常用的连接硬件。通过本次实训能够掌握 110 型配线架单元模块的正确组装,熟练掌握卡接式接线端子的打线连接方法,学会分清电缆色谱线序和 5 类线 T568A 或 T568B 线序的不同接线排列顺序,并学会信息输出端口模块的连接。

2. 实训器材

- 110 型配线架单元接线模块 1 组;
- 4 对连接块插件 5 个,5 对连接块插件 1 个;
- 信息模块 1 个;
- 打线刀 1 把;
- 5 类线 1 m;
- 5 类线电缆环切器或剥线钳 1 把;
- 接线块配线工具 1 把;
- 5 类双绞线电缆连通测试器 1 个。

3. 实训内容与步骤

(1) 信息模块的接线步骤

① 从信息插座底盒孔中将双绞电缆拉出约 20~30 cm;用环切器或剥线钳从双绞电缆剥除 10 cm 的外护套;压接时一对一对拧开,放入与信息模块相对的端口上。

② 根据模块的色标分别把双绞线的 4 对线缆压到指定的插槽中(T568A 或 T568B 线序只能选择其中一种);双绞线分开不要超过要求(不要过早分开)。在双绞线压接处不要拧或撕开,并防止有断线的伤痕。

③ 使用打线工具把线缆压入插槽中,注意刀刃的方向,切断伸出的余线;使用压线工具压接时,要压实,不能有松动的地方。

④ 将制作好的信息模块扣入信息面板上,注意模块凸口的方向向下;

⑤ 将装有信息模块的面板放到墙上,用螺钉固定在底盒上;

⑥ 为信息插座标上标签,标明所接终端的类型和序号。

(2) 110 型配线架单元接线模块接线步骤

① 将已经接好信息模块的电缆另一端连接到 110 型配线架单元接线模块上。

② 将第 1 个 110 配线架上要端接的 8 条芯线牵拉到位,每个配线槽中可放 6 条双绞线电

缆。左边的线缆端接在配线架的左半部分,右边的线缆端接在配线架的右半部分。

③ 在配线板的内边缘处将松弛的线缆捆起来,保证单条的线缆不会滑出配线板槽,避免缆线束的松弛和不整齐。

④ 在配线板边缘处的每条线缆上标记一个准备剥线的位置,这有利于下一步在配线板的边缘处准确地剥去缆线的外衣。

⑤ 拆开线缆束并紧握住,在每条线缆的标记处划痕,然后将刻好痕的线缆束放回去,为盖上 110 配线板做准备。

⑥ 在缆线束刻好痕并放回原处后,用螺钉安装 110 配线架,并开始进行端接(从第一条线缆开始)。

⑦ 在刻痕处之外最少 15 cm 处切割线缆,并将刻痕的外套滑掉。

⑧ 沿着 110 配线架的边缘将 4 对导线拉进前面的线槽中。

⑨ 拉紧并弯曲每一线对,使其进入到索引条的位置中,用索引条上的高齿将每一根导线分开,在索引条最终弯曲处提供适当的压力使线对的变形最小。

⑩ 当上面两个索引条的线对安放好并使其就位及切割后,再进行下面两个索引条的线对安置。在所有 4 个索引条都就位后,再安装 110 连接模块。

(3) 110 系列连接块的安装

110 系列连接块上彩色标识顺序为蓝、橙、绿、棕、灰。3 对连接块分别为蓝、橙、绿;4 对连接块分别为蓝、橙、绿、棕;5 对连接块分别为蓝、橙、绿、棕、灰。在 25 对的 110 系列配线架基座上安装时,应选择 5 个 4 对连接块和 1 个 5 对连接块,从左到右完成白区、红区、黑区、黄区和紫区的安装,这顺序和大对数电缆的色谱顺序是一致的,如图 8-6 所示。110 系列连接块需要使用接线块配线工具进行安装,用接线块配线工具进行线缆压紧操作。

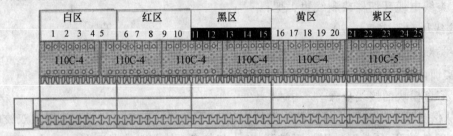

图 8-6 连接块在 25 对 110 配线架基座上的安装顺序

(4) 配线架上跳线操作

① 和另一组同学配合在连接块上使用打线刀进行跳线连接。

② 两组同学分别在已经连接的信息插座上用水晶头跳线连接到连通测试器检验配线架的连接结果是否正确。

4. 注意事项

① 信息模块的连接在工程上习惯用 T568B 连接线序,这主要考虑到整个工程的统一线序,避免混乱。

② 认清选择的 4 对连接模块和 5 对连接模块的不同,模块从左到右的线对颜色应和电缆色谱一致。

5. 思考题

① 确定语音线路(或 I/O)数目为 700 门,选择 110A 配线架 100 对模块需要几个? 共需要 4 对连接块模块和 5 对连接块模块各几块?

② 为什么 5 类线信息插座的面板凸口要朝下安装?

实训四 同轴电缆连接器的制作

1. 实训目的

- 掌握电视馈线用的射频同轴电缆与分配器、分支器的连接方法。
- 掌握移动通信在大楼内延伸覆盖常使用的 N 系列同轴电缆连接头的制作。
- 掌握细同轴电缆 BNC 连接器的制作方法。

2. 实训器材

- 型号为 SYWV－75－4 的同轴电缆、HCAAYZ－50 的粗同轴电缆、细同轴电缆各 1 m。
- 根据电缆选择相应的电缆连接接头各 1 副。
- 相关工具有 RG－58 A/U 专用压线钳、专用测试仪、剥线钳、斜口钳、尖嘴钳、万用电表、烙铁和焊锡等。

3. 实训内容与步骤

(1) 电视馈线用的射频同轴电缆与分配器、分支器的连接

① 将型号为 SYWW－7－4 的同轴电缆按图用剥线工具剥开外护套(注意不要伤到屏蔽网,因为收视质量的好坏完全依赖于屏蔽网)。把屏蔽网往外折如图 8－7 所示。

② 套入金属紧固圈,如图 8－8 所示。

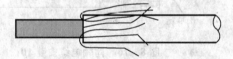 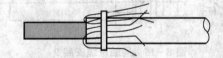

图 8－7 同轴电缆安装 1　　　　图 8－8 同轴电缆安装 2

③ 剪去多余的铝复合薄膜层。注意不要把多余的铝复合薄膜层也往外折。由于铝复合薄膜层内层为绝缘层,一旦折翻过来,反而会影响正常导通,所以多余一段铝复合薄膜需要剪掉。然后剥去芯线的绝缘层。剥的时候需要注意,芯线长度应该和插头的长度一致或稍长 2 mm。然后插入连接插头,插入的位置应在铝复合薄膜层和屏蔽网之间,如图 8－9 所示。

④ 插入连接插头,插入的位置应在铝复合薄膜层和屏蔽网之间,注意要插到底,如图 8－10 所示。

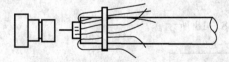 

图 8－9 同轴电缆安装 3　　　　图 8－10 同轴电缆安装 4

⑤ 用钳子把金属紧固圈夹紧折往一边,这样可以把电缆外护套与连接插头紧固,防止松脱,如图 8－11 所示。

⑥ 减去多余的屏蔽网线,如图 8－12 所示,旋入准备的分支器或分配器插口内。

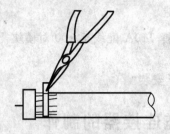 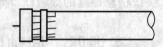

图 8-11　同轴电缆安装 5　　　　图 8-12　同轴电缆安装 6

(2) N 系列同轴电缆连接器接头的制作

① 先将电缆端部整平，再用小刀剥去部分护套，如图 8-13 所示。

② 将螺套套在电缆外导体上（螺套内硅橡胶上涂上少许硅脂），如图 8-14 所示。

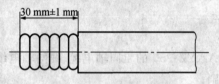 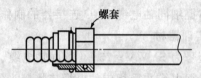

图 8-13　同轴电缆安装 7　　　　图 8-14　同轴电缆安装 8

③ 用刀沿螺套边缘在外导体波峰中间切开，再用剪刀在外导体上剪一轴向切口、用长嘴钳子扭绞去除，再用尖嘴钳沿外导体边沿向外扒一圈，使外导体呈喇叭口状，如图 8-15 所示。

④ 沿外导体端口环切泡沫介质，切口尽量接近内导体，但不要划伤内导体。用钳子将泡沫介质拔下，再用平锉除去内导体末端毛刺，如图 8-16 所示。

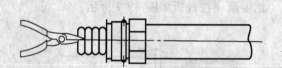 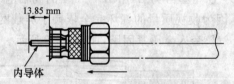

图 8-15　同轴电缆安装 9　　　　图 8-16　同轴电缆安装 10

⑤ 用高压气枪或毛刷清洁电缆内导体及附件，不能有铜屑、灰尘毛刺等。将电缆内导体插入外壳组件，与螺套配合板紧，如图 8-17 所示。

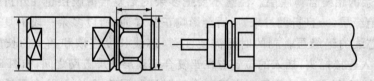

图 8-17　同轴电缆安装 11

(3) 细同轴电缆 BNC 连接器的制作

细同轴电缆 BNC 连接器的制作方法如图 8-18 所示。

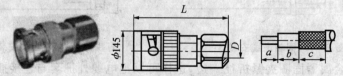

图 8-18　同轴电缆安装 12

① 将 BNC 接头的金属套环套到电缆线上。

② 利用剥线钳将同轴电缆的黑色外皮剥下一下段,长度稍小于 BNC 接头的长度,注意不要切断金属皮下的金属丝网。

③ 将金属丝剥开,露出绝缘体。

④ 用剥线钳将绝缘体剥下一小段,长度稍小于 BNC 接头中铜制针头后段较粗的部分。

⑤ 将铜制针头套到同轴电缆最里边的导体芯上,为避免松动,用烙铁将铜制针头与导体芯焊牢。

⑥ 将铜制针头插入 BNC 接头的金属套头中。

⑦ 将步骤①中套到电缆上的金属套环向 BNC 接头方向推到底,金属丝网太长时,要加以修剪,以不露出金属套环为宜。

⑧ 用万用电表测试铜制针头与 BNC 接头的外壳是否短路。如果短路,要重新制作,直到正常为止。

⑨ 用压线钳将金属环套夹紧在金属套环上,再执行上一步骤以确认无短路现象,制作其他同轴电缆接头的方法与此相同。

4. 注意事项

① 剥离同轴电缆外护套时注意不可伤及同轴电缆屏蔽层的屏蔽网线,这是因为同轴电缆传输质量的好坏完全依赖于屏蔽网的导电率。

② 同轴电缆传送信号的最高频率可达 450 MHz,在制作端头时不能留有任何的毛刺,发现毛刺要及时清除。

5. 思考题

① 在做电视电缆连接头时,屏蔽层的铝复合薄膜为什么不能和屏蔽网线一样的折翻过来,而需要把多余的一段铝复合薄膜剪掉?

② 已经做好两端接头的同轴电缆用万用表测量芯线与屏蔽层间的电阻越大越好还是越小越好?两端接头间屏蔽层的外导体电阻越大越好还是越小越好?

实训五 布线通道的组合安装

1. 实训目的

通过组装 PVC 塑料管和金属槽掌握布线通道的安装要领,了解附件名称和安装的正确组合,还要了解桥架的安装要领,掌握一般安装工具的正确使用。

2. 实训器材

➢ 直径 16 mm PVC 塑料管;250 mm×300 mm 金属槽;300 mm 普通梯式桥架各 20 m。

➢ 与上述管、槽、架主要配件配合使用的若干个弯通、三通、四通、多节二通、凸弯通、凹弯通、调高板、垂直转角联接件、联结板、小平转角联结板,以及相应尺寸的螺丝、固定支撑吊架等。

➢ 与 PVC 管安装配套的附件,包括接头、螺圈、弯头、弯管弹簧、一通接线盒、二通接线盒、三通接线盒和四通接线盒。

➢ 用于固定管路的管卡、塑料膨胀螺栓、钢制膨胀螺栓等。

➢ 开口管卡、专用截管器、水平尺和铅垂线等管槽敷设工具一套。

3. 实训内容与步骤

在明敷设 PVC 塑料管线时,用塑料卡卡住线缆,用锤子将水泥钉钉入建筑物即可。但要注意水平敷设时钉子要在水平管线的下边,让钉子可以承受电缆的部分重力。垂直敷设时钉子要均匀地钉在管线的两边,这样可起到夹住电缆的作用。

安装要求中间段落要有一段 50 cm 的垂直落差敷设。注意绕过梁、柱的配件选择和转角处理。

① 在房间 3 个墙面用 PVC 塑料管明敷设,并随管线布放牵引拉线。
② 在平层走道上方沿墙面用金属槽明敷设。
③ 在平层走道上方沿楼板项,用普通梯式桥架明敷设。
④ 每安装一段必需用水平尺和铅垂线检验所安装管线的横平竖直。

槽道(桥架)是综合布线系统工程中的辅助设施,它是敷设缆线的基础工作,必须按技术标准和规定施工。工程槽道和桥架的安装要求如下:

① 槽道(桥架)的规格尺寸、组装方式和安装位置均应符合设计规定和施工图的要求。封闭型槽道顶面距天花板下缘不应小于 0.8 m,距地面高度保持 2.2 m,若槽道下不是通行地段,其净高度可不小于 1.8 m。安装位置的上下左右保持端正平直,偏差度尽量降低,左右偏差不应超过 50 mm;与地面必须垂直,其垂直度的偏差不得超过 3 mm。

② 垂直安装的槽道穿越楼板的洞孔及水平安装的槽道穿越墙壁的洞孔,要求其位置配合相互适应,尺寸大小合适。在设备间内如有多条平行或垂直安装的槽道时,应注意房间内的整体布置,做到美观有序,便于缆线连接和敷设,并要求槽道间留有一定间距,以便于施工和维护。槽道的水平度偏差每米不超过 2 mm。

③ 槽道与设备和机架的安装位置应互相平行或直角相交,两段直线段的槽道相接处应采用连接件连接,要求装置牢固、端正,其水平度偏差每米不超过 2 mm。槽道采用吊架方式安装时,吊架与槽道要垂直形成直角,各吊装件应在同一直线上安装,间隔均匀、牢固可靠,无歪斜和晃动现象。沿墙装设的槽道,要求墙上支持铁件的位置保持水平、间隔均匀、牢固可靠,不应有起伏不平或扭曲歪斜现象。水平度偏差每米也应不大于 2 mm。

④ 为了保证金属槽道的电气连接性能良好,除要求连接必须牢固外,节与节之间也应接触良好,必要时应增设电气连接线(采用编织铜线),并应有可靠的接地装置。如利用槽道构成接地回路时,须测量其接头电阻,按标准规定不得大于 0.33×10^{-3} Ω。

⑤ 槽道穿越楼板或墙壁的洞孔处应加装木框保护。缆线敷设完毕后,除盖板盖严外,还应用防火涂料密封洞孔口的所有空隙,以利于防火。槽道的油漆颜色应尽量与环境色彩协调一致,并采用防火涂料。

⑥ 当直线段桥架超过 30 m 或跨越建筑物时,应有伸缩缝,其连接宜采用伸缩连接板。
⑦ 线槽转弯半径不应小于其槽内的线缆最小允许弯曲半径的最大者。
⑧ 盖板应紧固,并且要错位盖上槽盖板。
⑨ 支吊架应保持垂直,整齐牢固,无歪斜现象。
⑩ 安装时要求横平竖直,美观大方,拐弯应用配件规格型号合理,安装牢固,符合规范标准;正确使用安装工具。

4. 注意事项

参加施工的人员应遵守以下几点:
① 穿着合适的衣服和工作鞋;
② 使用安全的工具;
③ 保证工作区的安全;
④ 在高处作业时要求相互配合,登高梯上作业时要注意安全,动作一定要规范。

5. 思考题

① 为什么水平敷设的金属管路的管子有 1 个弯时,或直线长度超过 30 m 时,中间应增设拉线盒或接线盒？否则应该怎么处理？

② 为什么在室外敷设金属管道应有不小于 0.1% 的坡度？

③ 槽道安装中选择的调宽片起什么作用？

④ 布线通道的组合安装工艺讲究横平竖直。要有好的安装效果,最常用的检验工具是什么？

⑤ 为什么用钢钉固定线卡或塑料管卡时,用锤子将水泥钉钉入建筑物即可,但水平敷设时钉子要钉在水平管线的下边？垂直敷设时钉子要均匀地钉在管线的两边？

实训六 各种线缆、光缆的敷设布放

1. 实训目的

熟悉光缆、5 类双绞线电缆及电话线的布放方法。学会用拉线牵引电缆,学会整理、捆扎、固定电缆,学会电缆终端头的正确处理和端接,学会在电缆端头做标签。

2. 实训器材

➢ 光缆 1 盘、5 类双绞线电缆 1 箱(305 m)、二芯护套电话线和四芯护套电话线各 50 m。

➢ 布放光缆电缆盘的托架 1 副；

➢ 胶布 2 卷；

➢ 绑扎电缆用棉线 5 只。

3. 实训内容与步骤

在实训五已经安装好布线通道的基础上布线。

在架设好桥架、管、槽等线缆支撑系统后就可以考虑实施电缆的布放。布线看起来是一项粗活。但在宏观上却体现了整体的工艺水平。

① 在 PVC 塑料管中布放二芯护套电话线和四芯护套电话线各 4 根,要求在每个出线端口导出一根电话线,并安装插口模块和面板。

由于二芯护套电话线的外护套和四芯电话线的外护套相比相对较薄,在穿插塑料管的过程中,若塑料管的弯曲角小于 90°或塑料管的弯头处有棱角,容易擦伤划破外护套线,甚至造成电话线断路现象。

四芯电话线由于外护套,相对比较厚实,加上外径尺寸大于二芯电话线,不容易被擦伤划破。从通信功能上比较,每一对线路上都有一个用户信号通往交换机完成通信交换功能,而四芯电话线可同时安装两门号码不同的电话,扩充功能方便,而且又可以避免二芯电话线施工中的断路故障。因此四芯护套线是通信类电话发展的方向,也是布电话线中常要用到的。

② 在金属槽中布放 4 根 5 类线和 2 根光缆,线槽中每隔一定的距离要有绑扎工序。学会用棉线对电缆进入配线架前进行单扎和双扎的捆扎整理。

(1) 一般线缆的布放要求

➢ 线缆布放前应核对规格、程式、路由及位置是否与设计规定相符合。

➢ 布放的线缆应平直,不得产生扭绞、打圈等现象,不应受到外力挤压和损伤。

➢ 在布放前,线缆两端应贴有标签,标明起始和终端位置以及信息点的标号,标签书写应清晰、端正和正确。

- 信号电缆、电源线、双绞缆线、光缆及建筑物内其他弱电线缆应分离布放。
- 布放线缆应有冗余。在二级交接间、设备间双绞电缆预留长度一般为 3～6 m,工作区为 0.3 m～0.6 m。有特殊要求的应按设计要求预留。
- 布放线缆。在牵引过程中吊挂线的支点相隔间距不应大于 1.5 m。
- 线缆布放过程中为避免受力和扭曲,应制作合格的牵引端头。如果采用机械牵引,应根据线缆布放环境、牵引的长度、牵引张力等因素选用集中牵引或分散牵引等方式。

(2) 放线 5 类线
- 从线缆箱中拉线。
- 除去塑料塞。
- 通过出线孔拉出数米的线缆。
- 拉出所要求长度的线缆,割断它,将线缆滑回到槽中去,留数厘米伸出在外面。
- 重新塞上塞子以固定线缆。

(3) 线缆处理(剥线)
- 使用斜口钳在塑料外衣上切开"1"字型长的缝。
- 找出尼龙的扯绳。
- 将电缆紧握在一只手中,用尖嘴钳夹紧尼龙扯绳的一端,并把它从线缆的一端拉开,拉的长度根据需要而定。
- 割去无用的电缆外衣(可以利用切环器剥开电缆)。

有的电缆布放是单独占用管线,有的则是需要和不同途径,不同路由的电缆共同使用同一条管线。特别是几根电缆要共同穿越同一根管线时,最好同时一起穿越,否则要在管内留有拉线,以便今后要穿越的电缆穿线使用,同时还要留有一定的空间。

4. 注意事项

① 整盘电缆布放时,电缆要放在托架上;线头要从电缆盘托架的上方抽出,防止电缆与地面摩擦。

② 如果是小捆的 5 类双绞线电缆,线头要从整捆电缆的轴线方向从里向外抽出。

③ 光纤传输通道施工要满足下列要求:
- 在进行光纤接续或制作光纤连接器时,施工人员必须戴上眼镜和手套,穿上工作服,保持环境洁净;
- 不允许观看已通电的光源、光纤及其连接器,更不允许用光学仪器观看已通电的光缆传输通道器件;
- 只有在断开所有光源的情况下,才能对光纤传输系统进行维护操作。

5. 思考题

① 为什么当电缆在两个终端间有多余的电缆时,应该按照需要的长度将其剪断,而不应将其卷起并捆绑起来?

② 电缆的接头处反缠绕开的线段的距离不应超过 2 cm,过长会引起什么后果?

③ 为什么缆线不得布放在电梯或管道竖井中?

④ 用拉线牵引电缆时,n 根双绞线电缆最大拉力为 $(n×50+50)$ N;无论多少根线对电缆,为什么最大拉力不能超过 400 N(一般为 88 N 左右)?

⑤ 5 类布线规定的安装方法也适用于 6 类布线,但 6 类布线还要注意些什么不同的问题?

⑥ 总结综合布线电缆布放的步骤和要注意的问题。

实训七　设备机架安装及光、电缆的终端固定

1. 实训目的

掌握通信机房设备机架的正确立架安装，对光、电缆的引入和配线规定有很清楚的理解，掌握接地电阻的测试方法。

2. 实训器材

标准机柜散件1套，光缆配线架1个，光缆接线盒2个，综合布线交叉连接混合配线框架1个，机架安装工具1套，ZC-8型接地电阻测量仪1部。

3. 实训内容与步骤

(1) 在设备间确定机架位置

综合布线系统工程中，设备的安装，主要是指各种配线接续设备机架的安装，应符合施工标准规定，以确保安装质量可靠，并随工序进行检验。

① 设备机架的外观整洁，油漆无脱落，标志完整齐全。

② 设备机架安装正确，垂直和水平均符合标准规定。

③ 各种附件安装齐全，所有螺丝紧固牢靠、无松动现象。

④ 有切实有效的防震加固措施，保证设备安全可靠。

⑤ 接地措施齐备良好。

(2) 组装和安装

组装综合标准机柜；安装相应配件和机盘、部件，并学会用金属膨胀螺丝进行配线架和机架的机位连接固定，如图8-19所示。

(3) 电缆的绑扎整理

光、电缆的上线、整理、固定及绑扎。光、电缆的端头处理，分线及尾巴电缆的绑扎整理如图8-20所示。室内、室外光缆保护层剥离及配线架的固定如图8-21所示。

图8-19　金属膨胀螺丝使用

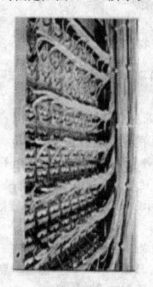

图8-20　电缆的绑扎整理

(4) 接地系统的安装

机架设备、金属钢管和槽道的接地装置要求有好的电气连接,所有与地线连接处均应使用接地垫圈,垫圈尖角应对向铁件,刺破其涂层,必须一次装好,不得将已装过的垫圈取下重复使用,以保证接地回路通畅无阻。

为了保证接地系统正常工作,接地导线应选用截面积不小于 2.5 mm^2 的铜芯绝缘导线。综合布线系统有源设备的正极和外壳、主干电缆的屏蔽层及其连通线均应接地,并应采用联合接地方式。

(5) 地线电阻的测量

接地电阻绝大部分是由于埋入接地电极附近半球范围之内的土壤所造成的。因此,在测量地阻时,用一辅助地气棒插入离被测电极一定距离的大地中,即可测出被测电极与辅助电极之间的电阻。为避免测定值把辅助电极的电阻包含在内,一般采用两个辅助电极:一个供电流导入大地,称电流极;一个供测量电压,称电位极。接地电阻随季节气候的变化而变动,因此必须定期测试接地电阻值。

① 沿被测接地导体(棒或板)按图内的距离,依直线方式埋设辅助探棒。若所测地气棒埋深 2 m,则依直线丈量 20 m 处;埋没一根地气棒为电位极(P1 或 P),再续量 20 m 处,埋设一根地气棒为电流极(C2 或 C),如图 8-22 所示。

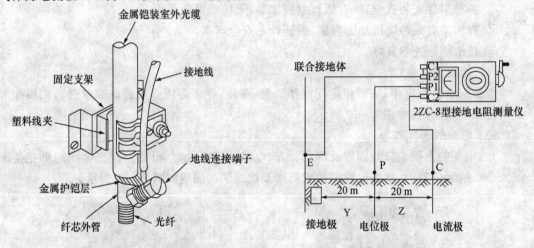

图 8-21 室内、室外光缆保护层剥离及其在配线架的固定　　图 8-22 接地电阻测试

② 连接测试导线,用 5 m 导线连接 E(P2)端子与接地极,电位极用 20 m 导线接至 P 端子上;电流极用 40 m 导线接 C 端子。

③ 将表放平,检查表针是否指零位,若不为零应调节到"0"位。

④ 调动倍率盘到某数位置,如×0.1,×1,×10。

⑤ 以 120 转每分的速度摇动发电机,同时也转动测量盘使表针稳定在"0"位上不动为止。此时测量盘指示的刻度读数乘以倍率读数即为被测电阻值,即:

$$被测电阻值 = 测量盘指数 \times 倍率盘指数$$

⑥ 当检流表的灵敏度过高时,可将 P(电位极)地气棒插入土壤浅一些;当检流表的灵敏度过低时,可在 P 棒和 C 棒周围浇上一点水,使土壤湿润。但应注意,绝不能浇水太多而使土壤湿度过大,这样会造成测量误差。

⑦ 当有雷电的时候,或被测物带电时,应严格禁止进行测量工作。

4. 注意事项

① 机架安装中所有的螺栓要先到位、再拧紧。螺栓拧紧的扭力要适当,不可有气无力地拧螺栓造成螺钉烂口、滑丝等现象的发生。

② 机架在固定牢固之前严禁攀爬作业。

③ 每个机架都要有效接地。

5. 思考题

① 机架和设备前应预留多宽的过道?其背面距墙面应大于多宽的距离?

② 机架、设备安装完工后,其水平度和垂直度都应符合厂家规定,若无规定时,其前后左右的垂直度偏差均不应大于多少?

③ 综合布线为什么要采用联合接地方式?当采用联合接地方式时,为了减少危险,要求总接线排的工频接地电阻不应大于多少?

④ 智能化建筑内综合布线系统的有源设备的正极和外壳、主干电缆的屏蔽层及其连通线均应接地,为什么是有源设备的正极而不是负极?